# 记忆的规律
# 与记忆的方法

本书编写组◎编
张彦杰　孟微微◎编著

未来的文盲不是不识字的人，
而是没有学会怎样学习的人。

世界图书出版公司
广州·北京·上海·西安

**图书在版编目（CIP）数据**

记忆的规律与记忆的方法／《记忆的规律与记忆的
方法》编写组编. —广州：广东世界图书出版公司，
2010. 4（2024.2 重印）

ISBN 978 – 7 – 5100 – 1961 – 6

Ⅰ. ①记… Ⅱ. ①记… Ⅲ. ①记忆术 – 青少年读物
Ⅳ. ①B842. 3 – 49

中国版本图书馆 CIP 数据核字（2010）第 050002 号

| | | |
|---|---|---|
| 书　　　名 | 记忆的规律与记忆的方法 | |
| | JI YI DE GUI LV YU JI YI DE FANG FA | |
| 编　　　者 | 《记忆的规律与记忆的方法》编写组 | |
| 责任编辑 | 余坤泽 | |
| 装帧设计 | 三棵树设计工作组 | |
| 出版发行 | 世界图书出版有限公司　世界图书出版广东有限公司 | |
| 地　　　址 | 广州市海珠区新港西路大江冲 25 号 | |
| 邮　　　编 | 510300 | |
| 电　　　话 | 020–84452179 | |
| 网　　　址 | http://www.gdst.com.cn | |
| 邮　　　箱 | wpc_gdst@163.com | |
| 经　　　销 | 新华书店 | |
| 印　　　刷 | 唐山富达印务有限公司 | |
| 开　　　本 | 787mm×1092mm　1/16 | |
| 印　　　张 | 13 | |
| 字　　　数 | 160 千字 | |
| 版　　　次 | 2010 年 4 月第 1 版　2024 年 2 月第 4 次印刷 | |
| 国际书号 | ISBN　978-7-5100-1961-6 | |
| 定　　　价 | 59.80 元 | |

## "光辉书房新知文库"

总策划/总主编:石 恢

副总主编:王利群 方 圆

**本书作者**

张彦杰 孟微微

# 序：善学者师逸而功倍

有这样一则小故事：

每天当太阳升起来的时候，非洲大草原上的动物们就开始活动起来了。狮子妈妈教育自己的小狮子，说："孩子，你必须跑得再快一点，再快一点，你要是跑不过最慢的羚羊，你就会活活地饿死。"在另外一个场地上，羚羊妈妈也在教育自己的孩子，说："孩子，你必须跑得再快一点，再快一点，如果你不能比跑得最快的狮子还要快，那你就肯定会被他们吃掉。"日新博客—青春集中营人同样如此，你必须要"跑"得快，才能不被"对手"吃掉。人的一生是一个不断进取的学习过程。如果你停滞在现有阶段，而不具有持续学习的自我意识，不积极主动地去改变自己。那么，你必将会被这个时代所淘汰。

我们正身处信息化时代，这无疑对我们在接受、选择、分析、判断、评价、处理信息的能力方面，提出了更高的要求。今天又是一个知识经济的时代，这又要求我们必须紧跟科技发展前沿，不断推陈出新。你将成为一个什么样的人，最终将取决于你对学习的态度。

美国未来学家阿尔文·托夫斯说过："未来的文盲不是不识字的人，而是没有学会怎样学习的人。"罗马俱乐部在《回答未来的挑战》研究报告中指出，学习有两种类型：一种是维持性学习，它的功能在于获得已有的知识、经验，以提高解决当前已经发生问题的能力；另一种是创新性学习，它的功能在于通过学习提高一个人发现、吸收新信息和提出新问题的能力，以迎接和处理未来社会日新月异的变化。

想在现代社会竞争中取胜，仅仅抓住眼下时机，适应当前的社会是远远不够的，还必须把握未来发展的时机。因此，发现和创造新知识的能力是引导现代社会发展的关键。为了实现自我的终身学习和创造活动，我们的重点必须从"学会"走向"会学"，即培养一种创新性学习能力。

学会怎样学习，比学习什么更重要。学会学习是未来最具价值的能力。"学会学习"更多地是从学习方法的意义上说的，即有一个"善学"与"不善学"的问题。"不善学，虽勤而功半"；"善学者，师逸而功倍"。善于学习、学习得法与不善于学习、学不得法会导致两种不同的学习效果。所以，掌握"正确的方法"显得更为重要。

学习的方法林林总总，举不胜举，本丛书从不同角度对它们进行了阐述。这些方法既有对学习态度上的要求，又有对学习重点的掌握；既有对学习内容的把握，又有对学习习惯的培养；既有对学习时间上的安排，又有对学习进度上的控制；既有对学习环节的掌控，又有对学习能力的培养，等等。本丛书理论结合实际，内容颇具有说服力，方法易学易行，非常适合广大在校学生学习。

掌握了正确的方法，就如同登上了学习快车，在学习中就可以融会贯通，举一反三，从而大幅度提高学习效率，在各学科的学习中取得明显的进步。

热切期望广大青少年朋友通过对本丛书的阅读，学习成绩能够有所进步，学习能力能够有所提高。

本丛书编委会

# 目 录

\*\*\*\*\*\*\*\*\*\*\*\*\*\*\*\*\*\*\*\*\*\*\*\*\*\*\*\*\*\*\*\*\*\*\*\*\*\*\*\*\*\*\*\*\*\*\*\*\*\*\*\*\*\*\*\*\*\*\*\*\*\*\*

# 前　　言

记忆是指人的大脑对经历过的事物进行储存和再现的能力。通俗地说，就是把某东西记住，在某个时候想再次知道的时候就能想起来，就好像把某件东西放抽屉里，需要的时候再取出来一样。

17 世纪捷克著名教育家夸美纽斯指出："假如我们能够记得所曾读到、听到和我们心里所曾欣赏过的一切事物，随时可以应用，那我们便会显得何等的有学问啊！"

英国哲学家、思想家弗兰西斯·培根曾说过："一切知识，只不过是记忆。"

可见，记忆力是知识的积累，是智慧的表现。

记忆力对学生的学习非常重要。记忆力好的学生，能很快记忆课本上的知识，甚至那些非常复杂的数字和公式，所以他们学得轻松，而且成绩好。而那些记忆力差一点的学生，往往要花费更多的时间去背书，有时候他们认为自己记住了，但考试时还是会忘记，所以，成绩自然处于中等水平。

有些人认为，记忆是天生的。事实上，这种说法是错误的。记忆力不仅与遗传因素有关，更重要的是与记忆的条件、记忆的方法有关。记忆是大脑的心理机能之一。大脑是客观的物质，大脑的工作是有规律的，了解大脑的记忆规律，并掌握一些有利于大脑进行记忆的方法，那么轻松记忆是完全有可能的。

据意大利《晚邮报》报道，意大利一所大学的3名教授进行了这样一项实验：他们挑选了一个记忆力中等的青年学生，让他每星期接受3~5天的训练，每天花一个小时背诵由3~4个数组成的几组数字。每次训练前，如果他能一字不差地背诵前次所记的内容，就让他再增加一组数字。经过20个月，约230个小时的训练，他起初能熟记7个数，以后增加到80个互不相关的数，而且在每次练习时几乎能记住80%的新数字，这项训练使得他的记忆力能够与一些具有特殊记忆力的专家相媲美。

几乎每个人都希望自己有良好的甚至惊人的记忆力。对学生来说，最是渴望。寒窗苦读的知识，一半多是需要记忆的。能"过目不忘"，是无数人梦寐以求的。

你能拥有过目不忘的记忆力吗？

你怎样才能记住更多的东西？

如何才能克服健忘的毛病，在考试中取得好成绩呢？

怎样才能更有效地进行记忆呢？

……

本书将要解答以上这些问题以及一些其他问题。

我们相信，读者朋友通过本书的学习，记忆力会不断地提高！

编　者

# 第一章　揭开记忆的面纱

英国哲学家、思想家弗兰西斯·培根曾说过："一切知识，只不过是记忆。"人类对记忆机理的研究和探索由来已久，人类之所以能够认识世界、改造世界而成为"万物之灵"，关键就在于人类具有卓越的记忆能力。我们所谓的"记不住"，只是一个欺骗自己的借口，相信自己，只要有信心，我们是可以记住一切的。

## 第一节　记忆力概述

记忆是人脑对经历过的事物的反映。所谓的经历过的事物，是指过去感知过的事物，比如见过的人或物、听过的声音、尝过的味道、嗅过的气味、摸过的东西、想过的问题、体验过的情感等。总而言之，这些经历过的事物都会在我们的头脑中留下痕迹，并会在一定的条件下呈现出来，这就是记忆。

记忆是每个人每天都在进行着的一种生理和心理活动。通过我们随时随地都可以遇到的记忆实例，来考察和认识记忆的科学含义。比如，你和一位朋友好久没有联系，偶然相遇时，你立刻

1

就能认出他，并能叫出他的名字，尽管你好像早已把他忘得无影无踪了。又比如，我们读过的书，过去学过的成语典故、英语单词、看过的电影镜头、听过的歌曲等，其中的某些人物、情景和那份激动的情绪，都会在我们的头脑中留下各种印象。当别人再提起时或在某种情景下，这些人物、情景和体验过的情绪就会被重新唤起，得以再现。这些都是记忆的具体表现。

记忆同感知一样也是人脑对客观现实的反映，作为一种心理现象，记忆比感知更复杂。感知过程是反映当前直接作用于感官的对象，它是对事物的感性认识。记忆反映的是过去的经验，它兼有感性认识和理性认识的特点。

总之，在日常生活中，人们感知着各种事物，产生各种思想和感情，进行各种活动，都可以作为经验，经过识记在我们的头脑中保持下来，并在以后的一定条件下得到恢复重现。大脑感受、储存、整理，以及协调神经系统所接收的所有经验，并将其转化为各种能力以供我们使用。

很久以前，人类就不断地进行着探索，想解开这个谜。直到18世纪末，德国医生弗兰茨·约瑟夫·加尔将人类的每种能力归类至大脑的某一区，并试着将结果用图形表示出来。和这个理论比起来，近几十年科学又有长足的进步。特别是各种技术能用图像显示人类的脑部活动，对了解脑部功能大有助益。我们的大脑是由1000亿以上的脑细胞所组成的。当中进行的生化反应次数也是惊人的多。某个有关脑部效能的理论指出，光是要完成非常

记忆的规律与记忆的方法

普通的基本活动，即保持起码的生命功能，一分钟就需要进行 10 万至 100 万次的生化反应。

换句话说，记忆就是人们把在生活和学习中获得的大量信息进行编码加工，然后输入并储存于大脑中，并在必要的时候把有关的储存信息提取出来，应用于实践活动的过程。概括来说，记忆的过程由三个阶段组成：第一阶段是获得信息或编码，即学习材料；第二阶段是储存，即把材料保存在大脑中备用；第三阶段是提取，即在需要的时候找到相应的材料并提取出来。人的记忆能力，实质上就是向大脑储存信息，以及进行反馈的能力。

我们用文件柜的比喻来解释记忆的三个阶段：首先，你要把需要保存的信息打印在一张纸上（录入），然后把这张纸放进文件柜中的某个抽屉里（保存），之后在需要的时候，去文件柜里找到那张纸，并把它取出来（提取）。

有时，人们想不起来需要的那张纸放在文件柜的什么位置，这也许是他根本就没有在纸上记录相关的信息，也可能是信息虽然记录下来但并没有放进文件柜里。最常见的是：材料没有以有序的方式储存在文件柜里。假设一个人把一堆文件杂乱地放进文件柜里，几个月（甚至更长时间）后，他想要取出其中某个文件时一定会遇到麻烦：文件柜中储存文件的方式极为混乱，当然不容易找到。

另外，许多记忆问题也容易出现在提取阶段。因为记忆在提取环节所受的限制也很多，大脑能够储存的信息要比能够提取出

来的信息多得多。我们要想提高对信息的提取效率，能够采取的措施并不多，因为提取效果的好坏常常是记录方式和储存方式共同决定的。因此，改进记录和储存的方法将会提高信息提取的效率，这对从文件柜中寻找文件和从你的记忆中提取信息同样有效。

可以毫不夸张地说，记忆在人们的生活实践中无时不有，无处不在。它是人的生理、心理活动的一种本质特性。人生是充满活力、创造力的，而一切活力与创造力都离不开记忆这个源泉。

当然，人们能够学会各种各样的事情，这些事情数量庞大，种类繁多。我们学会走路、跳舞和游泳，学会打字、修理电器和编写程序，我们也学会了骑自行车、开汽车、开飞机，还可以掌握各种各样的语言、记住数学公式以及化学方程式……我们能够学会的事情几乎是无限的。

如果我们记不住，那么所有这些学习都是没用的。如果我们丧失了记忆，那么对学过的任何内容就不会有印象——什么都像第一次学一样。失去了记忆，人的行为就必然会失去活力和创造力，甚至会失去许多属于"本能"的本领。我们可以运用记住的事实进行推理和判断，这也是记忆的价值。此外，我们之所以能够做出时间安排，把现在和过去联系起来，并对未来进行预测，主要基于我们记忆中储存着的过去的经验，甚至连我们的自我观念也依赖于我们过去的记忆。

人类之所以能够成为"万物之灵"，关键就在于人类具有卓越的记忆能力。正是依靠卓越的记忆能力，人类才得以学习、积累和应用各种知识、经验，才能不断地推动历史的发展和社会的进步。

总之，记忆对人类的生存、进化以及社会的发展是非常重要的。

## 第二节　记忆的类型

记忆可以从不同的角度进行分类，以下几个方面是常见的类别。

一、根据记忆内容的不同，记忆可分为形象记忆、情绪记忆、逻辑记忆和运动记忆。

1. 形象记忆

形象记忆是以感知过的事物形象为内容的记忆。形象记忆可以是视觉的、听觉的、嗅觉的、味觉的、触觉的。我们见到过的人或物、听过的音乐、嗅过的气味、尝过的滋味、触摸过的东西等的记忆都属于形象记忆。正常人的视觉记忆和听觉记忆通常发展得较好，在生活中起主要作用。触觉记忆、嗅觉记忆以及味觉记忆，虽然一般正常人在这些方面也都有一定的发展，但从一定意义上来说可称之为职业形式的记忆，因为只有从事某种职业的人由于特殊职业的需要，这些记忆才会得到很好的发展。对于缺乏视觉记忆、听觉记忆的人，其触觉记忆、嗅觉记忆、味觉记忆方面则会得到惊人的高度发展。

2. 情绪记忆

情绪记忆是以体验过的某种情绪和情感为内容的记忆。例如，对过去的一些美好事情的记忆，或对曾经受过的惊吓的记忆，或对做过的错事的记忆等都属于情绪记忆。情绪记忆的印象有时比其他记忆的印象表现得更为持久、深刻，甚至终身不忘。

3. 逻辑记忆

逻辑记忆是以词语、概念、原理为内容的记忆。这种记忆所保持的不是具体的形象，而是反映客观事物本质和规律的定义、公式、法则等。例如，我们对心理学概念的记忆，对数学公式、化学方程式、物理定理的记忆等都属于逻辑记忆。逻辑记忆是人类所特有的，具有高度理解性、逻辑性的记忆，对我们学习理性知识起着十分重要的作用。

4. 运动记忆

运动记忆是以过去做过的动作、运动、做法或技能等为内容的记忆。我们对于这种记忆极少会忘记，因为它们都涉及到具体的行动。例如，对游泳、打球、开车的动作的记忆，对体操、舞蹈的动作的记忆等都属于运动记忆。运动记忆是运动、生活和劳动技能的形成及熟练的基础，对形成各种熟练技能、技巧是非常重要的。运动记忆一旦形成，保持的时间往往很长久。关于这些动作的记忆，或许很久不用的话会生疏，但极少会遗忘的。

二、根据信息储存时间的长短，记忆可分为瞬时记忆、短时记忆、长时记忆三个系统，不同的系统对信息的处理方式是不同的。

### 1. 瞬时记忆

瞬时记忆，又称为感觉记忆，是记忆系统的开始阶段。它是以刺激物的形象、感觉后象等形式保存信息的。客观刺激物停止作用后，它的印象在人脑中只保留一瞬间的记忆。也就是说，刺激停止后，感觉印象并不会立即消失，会有一个极短的感觉印象保持过程，但如果不进一步加工的话，就会消失。瞬时记忆的容量很大，但对信息的储存时间却很短，一般约为 0.25 ~ 1 秒。

瞬时记忆的特点是：在感觉记忆中，信息是未经过任何加工的，而是按刺激原有的物理特征编码的。例如，视觉性刺激通过眼睛被记录在图像记忆中；听觉性刺激通过耳朵被记录在音像记忆中；感觉性刺激以感觉痕迹的形式保存下来。感觉记忆的容量较大，它在瞬间能储存较多的信息，但是感觉记忆的内容保存的时间很短。

在瞬时记忆中呈现的材料如果受到注意，就转入记忆系统的第二阶段——短时记忆；如果没有受到注意，则会很快消失。

### 2. 短时记忆

短时记忆是指记忆的信息在头脑中储存的时间比感觉记忆长些，但一般不超过 1 分钟。例如，我们从朋友那里听来一个电话号码，可以马上根据记忆来拨号，但是过后就记不起来了，这就是短时记忆。再如，我们听课时，边听边记下教师讲课的内容，

也是靠短时记忆来完成的。

据心理学家实验表明，短时记忆的容量大约是 7±2 个组块。组块，就是记忆的单位。究竟多大的范围和数量为一个组块，没有一个固定的说法，它可以是一个或几个数字、一个或几个汉字、一个或几个英文字母，也可以是一个词、一个短语、一个句子。例如，将一系列的数字"90276843218596031"让一个被试者听一遍或读一遍之后立刻回忆，一般来说，他也许只能回忆起 5～9 个数字。但如果把这些数字分成 9027、68432、1859、6031 这样四个组块呈现给被试者，他就很容易使这 17 个数字保持在短时记忆中，使记忆内容的量扩大。组块化提供了一个超越短时记忆存贮空间度的一种手段。对短时记忆的材料适当加以组织，就可以在短时间内记住更多的内容。例如，对于英语学习者来说，以课文记忆效果最好。课文记忆正是把许多单词构成的无论是在时空结构还是在意义上都紧密相连的句子作为一个组块，使每个组块增大，相应地减少了组块量，提高了词汇量和记忆效果。

相关研究表明，短时记忆的内容保持的时间在没有复述的情况下，18 秒后回忆的正确率就下降到 10% 左右，1 分钟之内就会衰退或消失。短时记忆的内容若加以复述、运用或进行进一步加工，就可被输入长时记忆中。

3. 长时记忆

长时记忆是指外界刺激以及短时间内一次呈现后，保持时间在 1 分钟以上的记忆。长时记忆是对短时记忆反复加工的结果，与短时记忆相比，它的保存时间可以从 1 分钟到多年以后，甚至终身不忘。

短时记忆的内容经过复述可以转变为长时记忆，但是也有些长时记忆是由于印象深刻而一次形成的。最近的研究表明，长时记忆的信息是以组织的状态被储存起来的，主要以意义的方式对信息进行编码，通过整理、归类、储存并提取。

三个记忆系统是逐层递进的，每进一步就会对输入的信息加工一次。当外界刺激进入感官记忆后，一部分信息受到注意系统的加工，进入短时记忆，另一部分没有被注意到的信息就会迅速被遗忘了；进入短时记忆的信息，一部分经过复述进入长时记忆，另一部分也被遗忘。

三、按记忆的意识参与程度划分，记忆可以分为外显记忆和内隐记忆。

1. 外显记忆

外显记忆是指当个体需要有意识地或主动地收集某些经验用以完成当前任务时所表现出的记忆。它是有意识提取信息的记忆，强调的是信息提取过程的有意识性，而不在意信息识记过程的有意识性。外显记忆能随意地提取记忆信息，能对记忆的信息进行较准确的语言描述。

例如，自由回忆、线索回忆以及再认等，都要求人们参照具体的情境将所记忆的内容有意识地、准确无误地提取出来，因而

它们所涉及的只是被试者明确地意识到的，并能够直接提取的信息，用这类方法所测得的记忆即为外显记忆。

2. 内隐记忆

内隐记忆是指在不需要意识或有意回忆的情况下，个体的经验自动对当前任务产生影响而表现出来的记忆。它是未意识其存在又无意识提取的记忆。它强调的是信息提取过程的无意识性，而不管信息的识记过程是否有意识。换句话说，个体在内隐记忆时，没有意识到信息提取这个环节，也没有意识到所提取的信息内容是什么，而只是通过完成某项任务才能证实他保存有某种信息。

正因为如此，对这类记忆进行测试研究时，不要求被试者有意识地去回忆所识记的内容，而是要求被试者去完成某项任务，被试者则会在完成任务的过程中不知不觉地反映出他曾识记过的内容的保存状况。

如果人们在完成某项任务时受到了先前学习中所获得的信息的影响，或者说由于先前的学习而使完成这项任务更加容易了，就可以认为是内隐记忆起了作用。

## 第三节　我们为什么会遗忘

你是否经常懊恼记忆力突然不听使唤？什么东西影响了我们的记忆？为什么我们经常会找不到钥匙？为什么昨晚摘下的眼镜今天就找不到了？但是我们却很清楚在什么地方可以找到巧克力。

为什么我们想不起昨天才认识的新朋友的名字，却能立刻想起最喜欢的影视明星的名字？我们是怎样遗忘的，为什么会遗忘？

其实，遗忘并不只起负面作用。如果你不遗忘，你的头脑就会被塞满，并且在回想一些需要的内容时无法选择有用的信息。因此，我们不希望不重要的信息使我们头脑混乱。在这种情况下，忘记不重要的信息，能帮助你记住重要的信息。也就是说，你必须忘记不重要的信息，记住重要的信息。

众所周知，遗忘比记忆容易。如果你在录入、保存、提取任何一个环节出错，你都会忘记。当然，如果你想记住，这三个环节就都不能出错。由此看来，记住似乎只有一个机会，而遗忘却有三个机会。许多心理学家也提出几种理论来解释我们为什么会遗忘——

第一，衰弱。这种解释认为记忆会在大脑中留下某种"痕迹"。这个痕迹会随着时间的流逝而逐渐衰弱或消逝，如同一条草地上的小路，如果很久没人走，就会荆棘丛生。对于人们来说，造成遗忘的根本原因在于很少使用学习过的知识。

第二，曲解。曲解记忆力可能会受到价值观和兴趣爱好的影响。如果我们对一些内容感兴趣，那么我们会想方设法记住这些内容，否则即使记住一些不感兴趣的内容，也会很快遗忘的。所以我们应该对记忆进行调整，使之符合我们的期望或者我们觉得应该有的样子。为了更好地说明"曲解"这种现象，你可以大声阅读这样的一些词语让另一个人听：疲倦、夜晚、吃、床、休

息、唤醒、醒来、梦、舒服、熟睡，让他尽可能说出听过的所有词语。通常情况下，他可能会说出那组词语中有"睡觉"，这是为什么呢？因为大多数词语都和睡觉相关，因此他会认为"睡觉"也应该在其中。

"曲解"也会出现在法庭上法官对目击证人的询问中。例如，在法庭上，法官会询问证人一些关键性的问题，可能导致证人"确认"一件从来没有发生过的事情："受害者穿的外套是什么颜色的?"这个问题可能会导致证人想起一件并不存在的外套。同样，只强调结果的陈述可能会使人们记住这个结果。

第三，抑制。这是由弗洛伊德在研究无意识理论时提出来的。依照弗洛伊德的说法，我们可能会有意识地遗忘一些不满意或者不愿接受的内容。大脑把这类内容储存在无意识中，以便不必天天去接触它们。虽然弗洛伊德的这套复杂理论的部分细节并不被完全接受，但是大多数心理学家确信这种动机性的遗忘有可能会发生。

第四，干扰。干扰会对遗忘造成的影响，或许不如在这段时间里发生的事情所产生的影响大。实际上，许多遗忘可能是由其他事情的干扰而造成的。人们受到干扰而遗忘并不意味着人们的记忆容量有限，也不是新信息把旧信息挤出来了，而是事情的内容所造成的。

此外，以前记住的信息也可能会对最近记住的内容造成干扰。心理学家把这种现象称作"正向干扰"。之所以是"正向"

的，主要是因为这种干扰的方向向前，过去记住的材料会抑制或者阻碍新材料的记忆。同样，你最近记住的内容也会对你回忆过去记住的内容产生干扰，这种现象被称作"逆向干扰"。因为干扰的方向是"向后"的。假定上周你在商务会议上遇见一些人，而在昨晚的聚会上遇见另一些人。过后，你可能会感觉到，当你回想上周商务会议上遇见的人的名字时，昨晚聚会上遇见的人的名字会干扰你。这种现象就是"逆向干扰"。

第五，提示依赖。这个解释把遗忘归结于提取失败（与录入信息和储存信息无关）。这种解释认为：记忆力既不会衰弱，也不会受其他内容的干扰。相反，它只取决于你能否找到合适的提示来帮助你提取。因此，人们把这种提取失败称为"遗忘"。如果能找到合适的提示，就能从记忆中随心所欲地提取出需要的内容。你忘记了只是因为你没有找到合适的提示。你可能觉得自己忘记了，可是后来当你看见或者听到某些内容时，这些内容"提醒"了你的记忆，你突然又想起来了。

为了对上述五种对遗忘的解释有更深入的理解，我们不妨把记忆力比作一栋房子的阁楼。你把信息储存在记忆中，就好比把东西储存在阁楼中。假定你要爬上阁楼找一件东西。按照前面介绍的衰弱论来看，阁楼就像一间"破旧不堪的屋子"，你找不到东西是因为这件东西放在阁楼中时间很久了，可能已经老化甚至消亡了；曲解论认为，阁楼像一间"重新布置过的屋子"，里面的东西都被重新放置了，所以你找不到想要的东西；抑制论认为，阁

第一章

揭开记忆的面纱

楼就像一间"有围墙的屋子"，被围墙堵死了，所以你无法进到里面找到东西；干扰论认为，阁楼就像一间"混乱无比的屋子"，里面的东西乱七八糟的，阻碍你找到东西；提示依赖论认为，阁楼像一间"上锁的屋子"，里面的东西都被锁在抽屉、箱子和珠宝柜中，如果你想找出某件东西，就必须得找到合适的钥匙（也就是提示）才能打开箱子找到东西。没有任何一种解释可以阐明所有的遗忘现象，因此，以上介绍的五种解释都有其合理性。

德国心理学家艾滨浩斯对遗忘进行过系统的研究。他采用无意义音节作为实验的记忆材料，然后用节省法计算出对记忆材料保持的量，包括遗忘的量，经过多次的实验与计算，得出了不同时间间隔所保持或遗忘的百分数。它可以很直观地让你看到随着时间的推移，人们对于记忆材料逐渐遗忘的过程以及遗忘量的大小，这便是著名的艾滨浩斯记忆保持曲线，或称艾滨浩斯遗忘曲线。

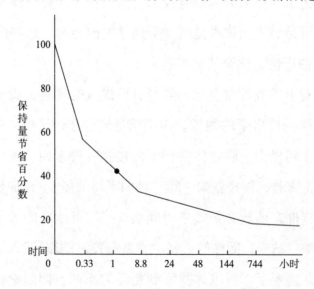

这条曲线向我们所展示的是：认知材料在记忆之后，马上会有一个迅速下降的过程（记忆后的短时间内）。而当时间间隔延长会逐渐变得平缓。因此我们可以理解，遗忘的其中一个规律就是：材料在识记后短时间内遗忘较多，记忆保持的分量也会迅速下降，而在经过长时间的间隔之后，遗忘发展的速度也就逐渐变慢。

在艾滨浩斯之后，许多研究专家用不同数量和不同性质的识记材料进行过类似的实验，在遗忘曲线大的走势上是类似的。后来这些研究的一大成果就是：遗忘的速度会受到识记材料的性质、内容和范围的影响。一般情况下，对动作、技能的记忆遗忘比较慢（如体操、绘画）。并且，遗忘还有量与质之分。比如，一首唐诗，前面三句都背诵出来，最后一句却给忘了，这就是指材料的量的遗忘。又如我们在默写一个英语单词时，把其中的一个字母记错了，这便是质的遗忘，把本质的东西忘掉了。

当然，并不是所有人的记忆都遵循上述模式。比如，我们会终生牢记那些在记忆中扎根的内容或者对于我们来说非常重要的内容。此外，学习材料的重点或者框架要比细节在记忆中保存的时间长得多。

## 第四节 "舌尖现象"

"这个乐器是什么来着？""电影里的那个高个子叫……""这是今年的流行，是什么来着，我昨天才看过的。""前面那个

人好面熟啊，叫王什么来着?"生活中，人们常常会在需要什么的时候，话到嘴边，即使拼命地想，可"就是想不起来了"。心理学将这种明明记得但在追忆中一时想不起、说不出的现象称为"舌尖现象"。"舌尖现象"的本质是我们在回忆的过程中出现的暂时性遗忘。

我们常常有这样的主观体会，那就是记忆中的那个词明明就在那里，但是我们却不能把它完全说出来。有的时候你所想到的只是一些相似的事件或人物，比如在这种类型的电影中经常出现的另一个演员。正是这种记忆"阻塞"了你真正想要提取的那个信息。而其他时候，却并没有什么东西明显阻碍记忆的提取，除了你的固执的拒绝思维。

有关专家对于阻塞问题的研究表明，大约有一半的时候我们的记忆会在 1 分钟之后变得畅通，而其他时候我们则需要几天的时间来恢复记忆的畅通。

也许那些上了年纪的人会对你说，随着年龄的增长，这种记忆阻塞现象出现的机率会增加。那些老年人在想名字方面自然会比年轻人遇到的困难更多。一项研究发现，一个大学生每周只会出现 1~2 次的"舌尖现象"，而老年人每周则会出现 2~4 次"舌尖现象"。

认知心理学研究发现，记忆活动包括编码、储存、检索和解码过程。在记忆的过程中，人体的大脑像电脑一样，会先将各种外界学习材料自动编成形码、声码和意码，然后，再将这三种码分别放到大脑组织中的不同的部位去储存。当我们需要回忆时，大脑便会将这三种码分别从不同的部位检索出，解码后再联结出原来的形象、名称和意义。当然，记忆过程中的任何一个环节出现问题，记忆都会受到影响。如果在检索过程中，形码、声码、意码中某一种码无法检索出或者三者检索后无法联结，即使差一点点，也会形成"舌尖现象"。

另外，在记忆编码的过程中，情景因素也会同时被编进和储存，因而人们在相同的情景中回忆检索会较顺利一些。而在陌生的环境中检索就会较困难，"舌尖现象"就会较容易发生。例如，戏剧演员在熟悉的舞台上表演时会得心应手，而在陌生的舞台上却很容易出现忘记台词的事情。

在平时的学习或考试中，许多同学都有这样的体验：一些很容易的题目，答案就在嘴边，但就是写不出来；平时记住的知识点、公式，在考试时经常想不起来，而一出考场就恍然大悟，这都是"舌尖现象"的表现。造成这种现象的原因，多数是由于考试时情绪紧张，造成大脑两半球内一些部位的强烈兴奋，对回忆对象产生负诱导作用所引发的。它往往会妨碍我们的正常回忆，给我们带来无尽的遗憾和烦恼。但应注意的是，出现在学习和考试中的"舌尖现象"还常常会影响到学生的情绪、信心，所以必须加以克服。怎样来克服"舌尖现象"？有以下几种办法。

一：冷静法。

出现"舌尖现象"时不必惊慌。要善于运用放松训练的方法

使自己恢复平静心态，因为只有消除紧张才谈得上解除抑制，比如深呼吸。

二：放置法。

放置法顾名思义就是先放一下，这在考试中最为常用，因为越是急于想起记忆中的一部分内容，就越难于想出，有时甚至还会影响对其他问题的思考。明智的做法是，当时停止回忆某些内容，绕开这个题先做其他题，同时留意与之相关的内容，我们很可能在这个过程中就获得了提示。或是过会儿再回头思考，往往会有豁然开朗的喜悦。以此应付"舌尖现象"，缓解由此带来的麻烦。

三：提示法。

在记忆提取发生困难时，努力寻找记忆内容的开始部分，往往可以帮助我们完成对记忆内容的提取。

四：联想法。

我们所记忆的知识，并不是零散孤立的，而是彼此之间常有内在的联系。一时熟悉的知识想不起来，如果利用相关的线索联想，往往能收到由此及彼的效果，从而激活大脑皮层暂时被抑制的区域。所谓联想，就是尽可能去寻找这种在头脑中存在的联系。如果考生在考前将一些关键内容做成复习卡片，将各知识点内容串联复习，在考试时联想就会对回忆起到很好的作用。

五：再认法。

有些学生在做填空或者问答中，遇到某个概念或人名一时回忆不起来，他们往往会采用直接追忆的方法："它是什么?""他是谁?"这种方法效率低，且比较被动。主动积极的方法是利用再认，也就是在短时间内尽可能多地设想一些类似的概念或人名，只要考题中被涉及的内容一出现，就会恍然大悟。这就是使过去经历过的事物在眼前重现，从而把它再认出来的方法。

六：推理法。

有些考试内容是可以利用已有的知识经验推理出来的。遇到此类问题，应认真分析，积极思考，这样可以推理出未知的内容。

现在，在你的体内，就蕴藏着克服由于记忆力差而产生的烦恼的能力。如果你真想利用这一能力的话，这种能力就能使你的记忆力在几天内提高几十倍。

你如果想使这一记忆力得以充分发挥，你就务必要去调动它，使用它。它就在你身上，可以伴随你去达到你以往从来未曾达到过的目标。

## 第五节　记忆创造奇迹

纵观世界历史，许多杰出的政治家、军事家、文学家，都有惊人的记忆力。比如，周恩来同志的记忆力极强。每一个与周恩来同志相识相处的人都惊叹于他超人的记忆力。据说，他百忙之中答应的事一定能记住；他见过一面，谈过话或仅仅是询问过姓

名的人，若干年后，他仍然能叫出对方的名字；他还来不及处理的事，过了很久之后他仍记得；还有一些令人烦恼的数据，他的大脑里不知道有多少。战争时，每一场战役的每个部队有多少兵多少将多少武器，敌人的情况他也都很清楚……

法国历史上最著名的军事家拿破仑也具有超常的记忆力。据说他不仅能准确地记住各个部队的具体的战斗位置，还能记住每一个士兵的面孔和名字，甚至能将 18 世纪军事家所重视的所有军事理论全部熟记在心。拿破仑常常能在大战正酣之际，捕捉到转瞬即逝的战机，并且不用查看地图仅凭记忆就能果断地发布命令，从而改变两军的命运，使其军队犹如狂风席卷了整个欧洲。所以，他的名言"没有记忆的脑袋，等于没有警卫的要塞"流传至今。

美国第 16 任总统亚伯拉罕·林肯，他在 43 岁时，偶然遇见自己 20 年前参加"里鹰战役"时的指挥官，竟能立刻喊出他的名字，使在场的官员们无不感到惊讶和钦佩。

还有这样一个关于林肯的故事。有一次，林肯得悉自己亡友的儿子小阿姆斯特朗被控谋财害命，并已被初步判定有罪。于是，林肯以被告的辩护律师的资格，向法院查阅了该案全部案卷。阅读完后，林肯要求法庭进行复审。这个案子的关键在于：原告方的一位证人福尔逊发誓提出证据说，那一天晚上 11 点钟，在月亮下清楚地目击到小阿姆斯特朗用枪击毙了死者。按照法庭的惯例，作为被告辩护律师的林肯与原告的证人福尔逊进行了一场辩论：

林　肯：你发誓说认清了小阿姆斯特朗？

福尔逊：是的。

林　肯：你在草堆后，小阿姆斯特朗在大树下，两处相距二
　　　　三十米，能认清吗？

福尔逊：看得很清楚，因为月光很亮。

林　肯：你肯定不是从衣着方面认清的吗？

福尔逊：不是的，我肯定认清了他的脸，因为月光正好照在
　　　　他的脸上。

林　肯：你能肯定时间在 11 点吗？

福尔逊：充分肯定。因为我回屋看了表，那时是 11 点一刻。

　　林肯问到这里，转过身说："我不能不告诉大家，这个证人
是个彻头彻尾的骗子。"接着，他申诉了自己的理由。原来，林
肯抓住了福尔逊的一个破绽。福尔逊说："我肯定认清了他的
脸……"而林肯指出："那天是上弦月，到晚上 11 点钟，月亮早
下山了。既然没有月光照射，怎么可能看清被告的脸呢？"

　　在本案中，林肯运用了无可辩驳的逻辑推理来攻破对方的诬
告。然而这种推理的思维活动是建立在对知识记忆的基础之
上的。

　　我国的文学巨匠茅盾先生一生著述繁多，许多作品都是脍炙
人口的佳作。他不仅熟读唐诗宋词，能够张口即来，而且还能随
时向人们背诵 120 回的长篇小说《红楼梦》。茅盾先生辉煌的成

就与他出色的记忆力是分不开的。

在生活中，记忆力的重要性随时随处可见。比如有些高明的棋手，能下闭目棋，而且一个人同时与七八个人对弈。要把那么多的棋盘记住，着实不是一件容易的事情，这就要靠出众的记忆力。

人类记忆的用途之广和容量之大确实令人惊奇。你的记忆中可以储存几十亿条不同的信息。虽然你的大脑只有 1 千克左右，但它能储存的信息比现在最高级的电脑还要多。人人都渴望自己具有丰富的知识和卓越的才能，成为栋梁之材。要成为人才，就要有一定水平的智力。而记忆力是一切思维的基础，加强记忆力的重要性便不言而喻了。可是，有人不懂得这个道理，甚至轻视记忆力。乔治·杜阿梅尔对这种观点做过尖锐的批评："在我出生的那个时代里，记忆丝毫没有被视为一种美德……后来，我看到教育界出现了对记忆的严重歧视，并越来越歧视它。人们故意可恶地把记忆这种美德同智慧对立起来，这是愚蠢至极的行为。记忆不但无碍于智慧，反而给人增添智慧，并给智慧提供营养和材料。一个聪明人，如果记忆力差，又不好好训练，那他仍是一个废物，一个可怜的人。因为他失去了应用他的聪明的最好机会。人们不要歧视记忆，而要驾驭它，使它俯首帖耳。"伏尔泰说过这样的话："人，如果没有记忆，就无法发明创造和联想。"也许你认为：我不是不想记忆，而是天生记性差。请你不必丧气。要知道，记忆力固然与天生的素质有一定的联系，但它确实是可以通过训练而得到提高的。

良好的记忆力是获得成功必不可少的条件，许多巨匠伟人都有超强的记忆力，他们是怎样获得如此非凡的记忆力的呢？毛泽东同志曾说："记忆的最好方法就是坚持'四多'，即多读、多写、多想、多问。"他自己就一直坚持用这种方法。

第一，多读。除了博览群书以外，还要对重点的书籍多读几遍。毛泽东对司马光的《资治通鉴》，读了多达17遍。在读《饮冰室文集》、韩愈的古文以及唐宋诗词的时候，常常要求自己要达到背诵的程度，并且要精深了解，透彻领悟。毛泽东尤其喜欢古诗词，能顺口吟诵的就有四五百首。他还有抄写诗词的习惯，认为这样做既练习了写字，又锻炼了记忆力。到晚年的时候，他的记忆力还特别好。

第二，多写。多写读书笔记。毛泽东在多年的学习实践中养成了手中无笔不读书的习惯，边读边写被他认为是加强记忆的最好方法。他的读书笔记形式灵活多样，除了各种记录本外，还有选抄本、摘录本，以备做重点记忆。他还经常在书上画各种符号，写眉批。比如有一本《伦理学原理》，全书不过10万多字，他用工整的小楷在书的空白处写下了1.2万字的批语。他在读《辩证法唯物教程》一书时，也写下了近1.3万字的批语，其中第三章的批语就有1000多字，和文章的长度差不多。

第三，多想。在学习的过程中，要清楚哪些观点是正确的，哪些观点是错误的，通过对比，使正确的观点更深刻。在读书批

语中，毛泽东都有比较简单的赞成、反对或怀疑的话，用笔谈的形式与作者讨论，汇总历代学者的不同学说，提出自己的精辟见解。一旦形成自己独到的见解，就不会再忘了。

第四，多问。学习时遇到不清楚、不明白的地方，应及时请教。在湖南第一师范学习时，毛泽东除了在校自修，向本校教员请教外，还经常向有学问的人请教，每逢有专家、学者来长沙讲学，他都要拜访求教。他常说："'学问'一词讲的就是又学又问，不但要好学，还要好问。只有问懂了，才能记得牢。"

记忆也是学习的基石，没有记忆，任何学习都是不可能的。心理学家说："学生在学校学习，在某种意义上，也可以说他们在学习记忆。学习一门功课、一种技能，能够储存起来，成为一种经验，作为生活、工作的准备，学习才算成功。记忆标志着人类的智能、生命和经验。"对于学生来说，记忆对于个人的学习的作用，具体来说有以下几个方面：

1. 有了记忆才能进行学习，才能进行连贯的思索，才能把感性认识上升到理性认识。不论是通过听觉进行学习还是通过视觉进行学习，都要以"脑记忆"为基础。一个边听边忘或是边看边忘的人是不能进行学习的。

人们经常说感性认识重复多次就会上升到理性认识，产生概念，提出有创造性的见解。在这里，起决定性作用的是人脑对于已经记住了的各种信息的加工，即对于各种信息进行连贯起来的思索，进行"去伪存真"、"由表及里"和"由此及彼"的思索。

只有在这个基础上，才能产生所谓的"灵感"或"思想的闪光"。很明显，这样做的前提就是要准确记住所要加工的素材，否则"去伪存真"、"由表及里"和"由此及彼"就没有对象。

只有把学习所需的各种情况（素材、数据、概念等）和各种知识牢牢地记在脑子里，成为需要用的时候能信手拈来的"活地图"和"活字典"，才能迅速抓住问题、解决问题，做到有所发现，有所前进。这些难题的表现形式是什么？哪些是假象？哪些是真相？应该用什么理论来分析？应该怎样解决？这些都没有现成的答案。只有把理论知识理解得透彻并牢牢记在脑子里的人才能比较快、比较好地发现和解决问题。

2. 有了记忆，才能学习，才能提高学习效率。我们的学习都是在动态中进行的。每天碰到的事情，不可能是以往发生过的事情的简单重复。因此不管事先准备得如何周密，都会有预想不到的情况出现，需要及时地、灵活地加以处理。也就是说，不能完全依靠各种事先准备好的"笔头记忆"材料，而需要依靠脑子记住随时发生的各种情况，并对这些情况进行动态加工，形成各种想法。

针对一个问题，能很快地判定情况，并开动脑筋，利用头脑中已有的各种信息，分析已出现的情况，形成答案。

记忆力好的人，能很快地解决问题，不仅学习效率高，而且能及时享受到成功的喜悦，因而心情舒畅，学习兴趣极高。而记忆力差的人，不但学习效率低，而且会由于健忘而屡屡碰钉子，心情必然沮丧，很多会做的题也可能做不出来。

## 第六节　记忆力不是天生的

　　有许多人认为："就如同人一生下来，头脑有好有坏一般，记忆力的好坏也是天生的！"其实，记忆力的好坏不是天生的。

　　我们常听人说："我的记性真差"、"我是个数字盲，朋友的电话号码总是记不住"、"仅有一面之缘的朋友的名字和长相，我老是记不住"等等。可是，对于数字的记忆力不好，并不就表示记忆力真的不好；无法记住朋友的名字，也不见得是记忆力低弱的象征。人一生下来，对于数字、文章、名字等需要直接去记忆的东西，在能力上就有着不同的差异。对于其中的一项特别强，并不就表示所有的项目都很强。相反的，对于其中的一项特别弱，也并不表示所有的项目都很弱。

　　这种差异可以靠训练来改善。记忆时最重要的就是抱着能够记忆的自信与决心。如果没有这种自信与决心，脑细胞的活动将会受到抑制，记忆力便会减弱。关于这一点，我们可以从心理学上得到解释。在心理学上，这种情形被称为"抑制效果"。其一般的反应过程是：没有自信→脑细胞的活动受到抑制→无法记忆→更缺乏自信。逐渐形成一种恶性循环。

　　因此，改善记忆力的第一个步骤就是恢复自信，逐步将它演变成良性循环，这就是学习记忆术的首要条件。不过，若是只有

记忆的规律与记忆的方法

自信而不去努力的话，还是无法使记忆力变好的。曾为口吃苦恼，后来却成为古希腊大雄辩家的狄摩西尼斯也是由于有充分的自信，加上超过别人数倍的努力，才有了日后的卓越成就。

心理学家乌德斯华在研究中表明：无论谁都可以增强自己的记忆力。乌德斯华十分强调自信的重要性。他说，凡是记忆力强的人，都必须对自己的记忆力充满信心。古恩西也说过，记忆力这部机器越是开动得多就越有力量，只要你信赖它，它就有能耐。

其实，正常的人是不可能没有记忆力的，如果不信，请试着回答下面的问题：

⊙ 唱一首童年时代的歌谣；

⊙ 写出 1～2 位小学老师或校长的姓名；

⊙ 写下从孩提时代到现在你所记得的 10 个人的名字（家庭成员除外）；

⊙ 把 3 年前读过的某本书的书名及作者姓名写出来；

⊙ 复述 1 年前所听过的笑话；

⊙ 尽可能把最初所学的外语单词回想起来；

⊙ 把过去游览过的地点以及有关的事情叙述出来；

⊙ 列出过去你养的或邻居养的宠物的名字；

⊙ 你参加过什么令你难忘的盛会？请尽可能详尽地将经过表述出来；

⊙ 说出 5 位朋友的姓名，并回想你与他们见面的时间、地点

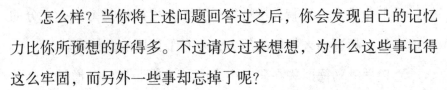

以及见面情况。

怎么样？当你将上述问题回答过之后，你会发现自己的记忆力比你所预想的好得多。不过请反过来想想，为什么这些事记得这么牢固，而另外一些事却忘掉了呢？

另外，对数字"没兴趣"的人，如果喜欢打桥牌，可能很快就能学会算牌。对人名没任何概念的人，却往往能对明星的名字朗朗上口。而有许多学生讨厌记英文单词，但是他们却能够很流利地唱出英文流行歌曲。

我们对于自己所关心的事物，往往能毫无困难地记住。因此，小学生能够将上学途中所见到的玩具店名记得一清二楚，除了因为儿童的脑部活动比较活泼外，更重要的是他们对事物充满了好奇心。相反的，一个每天赶公共汽车上下班的人，对于窗外的街景却没有丝毫的印象，这就是因为他没有带着兴趣去欣赏。因此，记忆的先决条件就在于引起兴趣。

美国得克萨斯州有一种开放式的小学，它们取消了学年制，并把教室的墙壁改装成能够自由移动的装置。甚至有些地方，连课桌也不用，完全让儿童依照自己的想法去计划读书课程。这种方法使儿童在理解和记忆方面的能力提高了很多。

兴趣固然是记忆的源泉，但是，要一个人对他所讨厌的科目产生兴趣，也不是一件容易的事。遇到这种情形，我们可以和担任该科目的老师，或该科目成绩特别优异的学生谈谈，因为他们已经有心得，必定对该科目有着很浓厚的兴趣。从彼此的交谈中，很可能会发现自己对于该科目疏忽的地方，甚至能引发自己对该科目的兴趣。虽然这仅是一点点的兴趣，但是它就像滚雪球一般，能使你的求知欲不断增加，进而帮助你大量地吸收知识，提高记忆力。

我们对于看过的歌舞剧，常常会忘掉故事情节，但是剧中某一幕的印象，却往往记忆在脑海深处。例如，我们小时候看过的《白毛女》，其中杨白劳给喜儿扎红头绳的情景，可能至今依然历历在目。虽然全剧的情节也许已记不清了，然而，这个画面却可能一直清晰地印在我们的脑海里。这种记忆很可能是由于第一次见到如此亲切的场面才造成的吧！

德国大音乐家门德尔松，在他 17 岁那年去听贝多芬第九交响乐的首次公演。音乐会结束后，他回到家里立刻写出了全曲的乐谱。这件事震惊了当时的音乐界。虽然我们现在对贝多芬的第九交响乐早已耳熟能详，可是在当时，首次聆听之后，就能记忆全曲的乐谱，实在是一件不可思议的事。在门德尔松的脑海里，必定有个排列整齐的资料柜，并且将每个音符严密地分别放入抽屉里。如果将他和那些同时聆听，却未能把音符放入抽屉里的人相比较，门德尔松自然能够正确地记忆这些音符了。

记忆力好的人，他的资料柜一定排列得井然有序。记忆力不好的人，则往往不加分类地把事物乱堆。如果我们能时时留意，把想记忆的事物分类整理，在装入或取出资料的时候，就比较省事了。好的记忆力并不特别神奇，关键是要掌握好的记忆法则。

记忆在脑部的功能中，占有相当重要的地位。脑部有所谓的旧皮质与新皮质。从生物学上来说，旧皮质是先形成的，它担任了睡眠等维持生命所不可欠缺的机能；而新皮质则担任比较理性地思考等意识活动。具有震撼力的记忆是最不容易忘记的，因为它突破了旧皮质而达到新皮质和生命的本能连接在一起，再经过长时间地附着，因此在一般的记忆消失之后，它仍然能留存在脑海里。

把你所要记忆的事物，营造成一种对自己能发生震撼的效果，便是一种基本的记忆法。如果要记忆下列12种物品：

闹钟　帽子　小狗　手套　猴子　鞋　山水画　鹦鹉　衣柜

眼镜　仓鼠　桌子

反复背诵的强记固然是一种方法，可是往往过不了多久就会忘记。为了便于记忆，加深记忆效果，我们可以把上述的12件物品先加以分类：小狗、猴子、鹦鹉、仓鼠是动物；帽子、手套、鞋、眼镜是穿戴的物品；闹钟、山水画、衣柜、桌子则是家里的摆设。把这些物品加以分类之后，就很容易记住了。

另外，人的记忆力具有非常大的可塑性。如果能摆脱自卑、自我限制等消极的心理困扰，奋发图强，那就没有什么是记不住的。

美国著名盲聋作家、教育家海伦·凯勒，小时候的重病夺去了她的听力和视力。由于失去听觉，不能矫正发音的错误，她说话也含糊不清。对于一个残疾人来说，世界是一片黑暗和寂静，要学会读书、写字、说话，没有强大的记忆力，简直是不可能的事。但是，海伦·凯勒没有向命运屈服。她为了能清楚地发音，用一根小绳拴在一个金属棒上，叼在口中，另一端拴在手上，练习手口一心，写一个字，念一声。为了使写出来的字不至于歪歪扭扭，她还自制了一个木框，装配了一个滑轮练习写字。她把自己的学习分成四个步骤：

每天用 3 个小时自学。

用 2 个小时默记所学的知识。

再用 1 个小时的时间将自己用 3 个小时所学的知识默写下来。

剩下的时间，运用学过的知识练习写作。

在学习与记忆的过程中，她只有一个信念：我一定能够把自己所学习的知识记下来，使自己成为一个有用的人。她每天坚持学习 10 个小时以上，经过长时间的刻苦学习，加之不屈不挠的信心，使她掌握了大量的知识，能熟练地背诵大量的诗词和名著的精彩片段。到后来，一本 20 万字的书，她用 9 个小时就能读完，不但说出每章每节的大意，还能把书中精彩的句、段、章节和自己对文章的独到见解在 2 个小时内写出来。海伦的记忆力已经大大超过了普通人的正常水平。

据说，在哈佛大学读书的一个博士生听到海伦·凯勒的事迹后，很不服气，决定要和她比试比试。在严格的时间规定和教员的监督之下，他们进行了 3 轮比赛，最终，这位博士生服了。他摘下博士帽，恭恭敬敬地戴在了海伦的头上。

　　经过学习，海伦突破了识字关、语言关、写作关，先后学会了英、法、德、拉丁、希腊 5 种语言，出版了 14 部著作，受到社会各界的赞扬与褒奖。美国作家马克·吐温评价道："19 世纪出了两个了不起的人物，一个是拿破仑，一个是海伦·凯勒。"

　　我们每个人都渴望拥有出色的记忆力，并希望获得学习的成功。既然记忆力是通过后天的努力培养出来的，那么也就是说，遵循一定的规律和方法就可以使我们拥有高超的记忆力。

# 第二章　常规记忆方法

大家知道，任何一件实践活动、心理的发展、知识的增长都离不开记忆。而有些学生却常常为自己的记忆力不好而发愁，其实记忆力是可以通过锻炼来提高的，下面给大家介绍一些有效的常规记忆方法。

## 第一节　归类记忆法

美国著名的记忆学家杰罗姆曾说过："人类记忆的首要问题不是储存，而是检索。"也就是说，只要将储存的零散、杂乱无章的东西进行系统分析、总结、归纳和编排，真正纳入头脑中已有的知识结构和记忆网络中去，才能熟记于心，永不遗忘，且容易调遣。这种对零散的记忆材料进行排队、归类、总结和推理的记忆法叫做归类记忆法，这种方法可以将很多看起来毫无联系的材料归在一起记忆。

美国斯坦福大学专门对用归类记忆法做了一次单词记忆实验，老师让学生在课堂上记住 120 个单词，其中有动物、植物、运输几类的单词。首先，老师把 120 个单词进行了杂乱无章的排

列，让学生记，结果没几个学生能把单词全记住。然后，老师把这些单词按动物、植物的种类进行分类，有规律地排列，让学生记，学生便很快记住了这 120 个单词。可见，只有将记忆材料系统化、条理化，记忆才能准确、高效。有人形象地把记忆比作图书室的卡片柜子，各种知识、信息都分门别类地储存到它应放的地方。需要时，只要拉开某一个抽屉，就能获得所需的材料。同时，记忆材料要及时总结，抽出规律性的东西，达到举一反三、触类旁通的效果。

归类记忆法是人们在学习和工作中常用的一种记忆方法，它往往是在知识材料的积累到一定数量之后进行的，在学习与复习中对不同种类的知识点的记忆就经常要用到这种方法。归类记忆法有以下特点：

1. 知识归类前，先确定归类原则，归纳什么，扬弃什么，目的明确，从而提高理解力和记忆力。

2. 归类过程中，在不同门类之间不断地进行对照，相似、相类的材料相互启发，能温故而知新。

3. 知识归类后，在复习时要各个击破，注意力集中，避免不同类材料相互干扰。

4. 归类法是其他记忆方法的基础，其实就是为其他记忆方法提供前提，因为归类之后，才有可能制成图表、提纲便于记忆，只有归类合理，图表才能制作精良，提纲才能条理清晰。

归类是去芜存精，相应减少材料，缩短学习时间，提高记忆。归类的标准不是单一的，它是需要在学习中根据实际情况来确定的。因此，材料的合理归类就显得重要，在进行材料归类时有以下几个方法：

1. 归类不是按一个标准，也可以按记忆对象的性质、材料、大小、重量、场所、时代等等进行。在阅读文章的时候，可以把同义、近义的词列在一起，譬如：安顿、安放、安排、安置；宁静、平静、清静，再仔细体味其"同"中之"异"。也可以把反义词组合在一起，美与丑、优与劣、真与假、进步与落后、战争与和平等等。

2. 进行归类时，分为几个组，各组有多少个物体必须要适度，如果分组太多，记忆仍非常费劲，分组太少，组内个数就会增加，而各个组的个数也不能相差太大，每个"组块"应在 7 ± 2 个为宜。

3. 学会概念分类。因为，我们的思维是以概念来把握事物的，所以对事物的分类就是对概念的分类。并且概念分类能够揭示事物之间的内在联系，并记住它。如：东汉医学家张仲景在《金原要略》的第一篇中对疾病进行分类，他以经络和脏腑为分类的纲，再按三阳和三阴即所谓六经的表里，把五脏六腑的疾病分为 36 种，列出系统的分类表。这样，不仅说明了可能发生的疾病种类，而更重要的是由此揭示了病变的部位关系，掌握各种病变之间的逻辑联系。

4. 按照逻辑学的属种关系归类。如按时间、人物、事件、体裁等划分归类。如文学基础归类：将其中自成体系的东西归成几大类，内容不外乎现代文学、古代文学、外国文学、古代汉语、现代汉语、写作等几大类。

通过以上归类的方法可以达到理清思路、抓住重点、方便记忆的目的，也为其他记忆方法做准备。

## 第二节　系统记忆法

我们知道任何时候，知识都是以体系的形式存在着的。每一个知识点之间都存在着这样或那样的关系。没有认识到知识体系的人，是因为他没有认识到自身的知识体系。正如一个房间，可以是选择现有的洞穴，可以是在土里挖个洞，可以是凿山穿岩，可以是垒土为墙，可以是枝叶、木板、石块、混凝土……它们都能够构成一个房间，但谁也不能否认之间的区别。再如一座建筑，可以是单间，可以是四合院，可以是板楼，可以是摩天大楼。而造成这些差别的，往往不是建筑材料，即使建筑材料一样，这些材料的不同组织方式也可以造就不同的建筑出来。在这个意义上说，知识点之间的关系和形式往往比知识点本身更重要。

能不能优化自己的知识体系，这是知识，更是艺术。红绿蓝三种颜料，可以涂抹出一摊难看的色块，也可以成就一幅不朽的名画。可见如果一个人不能够将自己所学的知识系统化地提纯出

来，那么很难达到一个好的学习效果。更为可怕的是，可能会在这种下降的学习趋势中渐渐失去对学习的信心和动力。

系统记忆法，就是按照科学知识的系统性，把知识梳理成章、编织成网，这样记住的就是一串。就像零散的珠子，我们一手抓不了几粒，如果用一根线把这些珠子串起来，提出线头就可以拿起一大串。记忆也是这样，分散的知识不便于记忆，也不能长久保持。把知识条理化，系统化了，就会在脑子里留下深刻的印象。例如：记忆圆形、扇形、弓形的面积公式时，可以这样记忆：首先抓住这三种形状的关系，扇形是圆形的一部分，弓形又是扇形的一部分，然后再把这几种图形面积的公式串起来。这样记忆，就不困难了。系统学习法之所以有效，是因为它首先降低了学习的难度，让每个人在学习中都能在最短的时间里获得成就感。

记忆是智慧的仓库，但这个仓库里不能杂乱无章，应该把各种知识分门别类地放在应放的位置上，这样记得清楚，提取也方便。因此，系统记忆法还可以采用列表比较的方法。在列表的过程中，也可以培养比较和归纳的能力。往往是一张表整理出来，知识在脑子里也就清晰了，不需要专门去背，也能记得很牢。

记忆分为"记"和"忆"两个过程。"记"是通过强化刺激，在大脑中留下痕迹。"忆"是把大脑里形成的刺激联结并取用出来。要想提高记忆的效率，必须把更多的时间从"记"转到"忆"来，主要就是通过回忆、思考、联系实际来熟悉并强化刺激联结。

系统记忆法在"记"的过程中强调分类存储。相当于仓库，只有分类清晰，结构有序，才可能迅速地从中找到东西。有序地"记"，将为"忆"提供了极大的便利。在"记"的过程中，先在心里构架一个体系树模型。这模型仅仅是一个结构。在开始的时候，可以以教材的目录、章节为节点，构架体系树。在记忆的过程中，要学会找出记忆内容，通过分析、归纳，将知识点的特性，特别是与其他知识点或者外界的联系发掘出来。然后将记忆内容放在体系树上。相当于树的叶子、果实、花和嫩芽。可以根据记忆内容的特性，调整体系树结构。可以根据感觉和推理，留出体系树的空缺部分。有些教材仅仅是一个方面的内容，适当的空缺就是和其他相关教材或学科的接口。

在构建体系树的时候需要运用的思考，就已经开始包含"忆"的成分了。只有"忆"，才可能取用其他知识点，并与此知识点发生联系。构建体系树需要不时地回想，以扫描缺少的枝叶，再及时地集中精力，将遗失的枝叶重新挂到体系树上。

回想的过程就是"忆"的过程。要做到心中有"树"，就是"忆"的基础上的体系树。

因此，做到"记"和"忆"的统一，增加刺激联结是记忆的诀窍。这也是系统学习法最有效的地方。

"记"和"忆"是两个不同的过程，但是他们不是孤立的，而必须交错行进。

根据"忆"的需要去补充"记"，将使"忆"更有效，也更完全。

体系树对于"忆"来说是相当重要的。从一系列刺激联结迅速找到想要的内容，这只有清晰的体系树才能做到。

就像收拾房子，如果大致分类，什么东西在什么地方，这就会给使用制造方便。否则，就算这物品（刺激联结）实际存在，也找不出来。不能使用，相当于没有。

人有遗忘的本能。如果刺激联结无序，很可能就作为无效信息，被清理出大脑。记忆的效率将很低。

系统记忆法是一种优秀的学习方法。这在中小学学生的学习中体现的比较明显。

### 第三节　理解记忆法

美国总统林肯出身贫寒，小时候买不起书，只好去借。只要有人肯借给他，无论走多远的路，他也要去。借回后反复阅读，直到完全理解和记住。靠着这种阅读——理解——记忆的方法，林肯积累了大量知识。最后，他终于成为美国历史上最优秀的总统之一。可见，理解是记忆的前提和基础，也是最基本、最有效的记忆方法。

理解记忆法就是在积极思考、深刻理解的基础上记忆材料的方法。理解记忆的基本条件是对材料的理解进行思维加工。有些

材料,如科学要领、定理、规律、历史事件、文艺作品等,都是有意义的。我们记忆这类材料时,一般都不采取逐字逐句强记硬背的方式,而是首先理解其基本含义,并借助已有的知识经验,通过思维进行综合分析,把握材料各部分的特点和内在的逻辑联系,以便于记忆。理解记忆的全面性、牢固性、精确性及迅速有效性,有助于对材料理解的程度。

理解记忆的运用步骤是:

1. 了解大意。当我们在记忆某个事物的时候,首先要弄清它的大致内容。拿读书来说,先要通读或者浏览一遍。如果是记忆音乐,先要完整地听一遍全曲。了解了全貌才能对局部进行深刻的理解。

2. 局部分析。对事物有了大致了解后,就要逐步深入分析。比如对一篇议论文,要弄清它的论点论据,根据结构分成若干段落,逐个找出主要意思,也就是要找出"信息点",加以认真分析、思考,以达到能编制文章纲要的程度。

3. 寻找关键。找到文章的要点、关键和难点,并弄明白,牢牢记住。只有在此基础上,才能理解和记住其比较次要或者从属的内容。

4. 融会贯通。就是将所理解和记住的各种局部内容,联系起来反复思考,全面理解。这样更有利于加深记忆。

5. 实践运用。所学的东西,是否真正理解了,还要看在学习中能否运用。如果一应用到学习中就"卡壳",那就说明并未真正理解。真正的理解是有具体标准的：一是能够用语言和文字解释，二是会实际运用。

那么，怎样才能做到真正的理解呢？

1. 对于你认为已经理解的问题，要进一步地刨根问底，做到进一步理解。

2. 认为自己确实已经理解的问题，要寻找它与其他问题的前后联系。

3. 对于暂时无法理解的问题，要强行把它记住。

4. 对于那些似乎理解似乎不能理解的问题，记在笔记本上，向老师或同学请教。

5. 通过比较类似的问题来理解。

德国心理学家在做记忆的实验中发现：为了记忆住 12 个无意义音节，平均需要重复 16.5 次；为了记住 36 个无意义音节，需重复 54 次；而记住 6 首诗中的 480 个音节，平均只需要重复 8 次！这个实验告诉我们，凡是理解了的知识，就能记得迅速、全面而牢固。

理解记忆是以理解材料内容为前提的。这种理解不仅指看懂了材料，而且包括搞懂了材料各部分之间的逻辑联系，以及该材料和以前的知识经验之间的关系。

我们平常说泰国的首都曼谷，实际上这是一个简称，泰国首都的全称汉语音译为"共台甫马哈那坤奔他娃劳狄希阿由他亚马哈底陆浦改劝辣塔尼布黎隆乌冬帕拉查尼卫马哈洒坦"，共 41 个

字。要把这 41 个字都背下来，可不是一件容易的事，恐怕比记圆周率小数点之后 41 位还要难得多。

我们不妨来背背这两首诗，一首是李白的《望庐山瀑布》：

日照香炉生紫烟，遥看瀑布挂前川。

飞流直下三千尺，疑是银河落九天。

还有一首是唐朝著名诗人王之涣的绝句《登鹳雀楼》：

白日依山尽，黄河入海流。

欲穷千里目，更上一层楼。

这两首诗的总字数比泰国首都全名还要多 7 个，可是只要读几遍也就会背了。原因就在于这两首诗形象易懂。

既然记忆有这种规律特点，那么在学习的时候就要经常有意识地运用理解记忆，在记忆的时候展开积极的思考，这样才能取得良好的效果。如果在可以运用理解记忆的时候不去运用，而偏偏要使用机械记忆进行无意义的重复，那可就不止事倍功半，而是相差 10 倍、20 倍了。

我们在记忆材料的时候，只要它是有意义的，就应该向自己提出"先理解，后记忆"的要求，把材料分成大小段落和层次，找出它们之间的逻辑联系，而不要从一开始就逐字逐句地记忆。

例如，背文言文，如果不把文言文的意思弄懂，那么就会像背天书一样，非常吃力。如果把文言文里的实词、虚词都弄懂了，把全篇的意思都掌握了，这时再背，就是在理解的基础上记忆，背起来就会快得多，印象也深得多。

有时理解了也不一定能记住。所以，对于理解了的东西，往往还需要多次重复才能记住。此外，在应用理解记忆法时还要注意以下几点：

1. 记忆的时候一定要注意前后联系，从整体上来把握，切忌孤立的、片面的记忆。

2. 不妨试一下卡片式学习，即把一门科目或一本书的目录、框架记在卡片上，不停地看直到熟记为止。把每天应该记的东西写在卡片上，经常翻阅，且一定要注意不同卡片之间的联系。

3. 无论你理解性记忆，还是机械性记忆，最终都要形成一套完全属于自己的东西，要对记忆充满信心，举一反三。

4. 暂时无法理解的，要把它硬记下来是必要的。如果放弃了不理解的内容，有可能无法学习后面的内容，所以暂时把它硬记下来，等你学到后面的内容时就会理解它的。

如果我们在学习时能将上面所讲的方法应用到实际中，就可以全面、精确、牢固、迅速地提高记忆效率。

第二章　常规记忆方法

第四节　联想记忆法

联想，就是当大脑接受某一刺激时，浮现出与该刺激有关的事物形象的心理过程。一般来说，互相接近的事物、相反的事物、相似的事物之间容易产生联想。联想记忆法就是利用联想来增强记忆效果的方法。

联想记忆法分为以下 6 种具体方法：

1. 表象联想法。就是将需要识记的东西与其实物表象联系起来的方法。如识记"蚯蚓"这个词的概念，只记这两个字不易巩固，必须在脑子里浮现出那种爬行的物象才行。浮现物象时，要看着文字，在脑海中把物象描绘出来。这样经过多次练习，养成习惯，就容易把物象印到脑海里。

使用表象联想的要领是：（1）多用夸张物象的方法。如学"细菌"一词时，就把它扩大到像在教科片中看到的那种细菌物象；（2）尽可能把知识对象在脑海里变换成具体物象。如学"寄寓"一词时，就想象自己正住在姥姥家；（3）把抽象的东西化为具体的东西。如理解"含英咀华"这个抽象成语时，可能费解，可以把自己比作正在摇头晃脑欣赏一篇好诗文的老学者。

2. 相似联想法。当一种事物和另一种事物相似时，往往会从这一事物联想到另一事物。因此，利用这种方法把记忆的材料与自己体验过的事物联接起来记性，达到的效果就会更好。

辽宁黑山北关实验学校和北京景山学校在小学低年级试验一种集中识字的方法，可使学生在两年内认字 2500 个，阅读一般书籍报纸。这种识字法就运用类似联想记忆法的道理，把字形、字音相近，能互相引起联想的字编成一组一组的，像把"扬、肠、场、畅、汤"放在一起记，把"情、清、请、晴、睛"放在一起记。每组汉字的右边都是相同的，每组字的汉语拼音也有共性，前一组的汉语拼音后面都是"ang"，后一组的汉语拼音都是"qing"，这样就可以学得快、记得牢。

3. 接近联想法。两种以上的事物，在时间或空间上，同时或接近，这样只要想起其中的一种便会接着回忆起另一种，由此再想起其他。记忆的材料整理成一定顺序就容易记了。

例如，看到带鱼，马上会想到大海；提到哈尔滨，必然想到气候寒冷、冰灯、冬泳等现象；提到井冈山，会想到朱德和毛泽东曾在那里会师等，这些都是因为在空间上有接近之处。又如，一提起诸葛亮，马上就会想"桃园三结义"、"借东风"和"三顾茅庐"；一提起鸦片战争，马上就会想起1840年林则徐的禁烟运动等，因为这些事情在时间上接近。学习中，如果运用这种方法，把遇到的事实、事物和学到的知识，与接近的事物联系在一起，形成空间或时间上有相关之处的系统，就可产生联想，帮助记忆，而且提起一种东西就可能联想到一大串内容。

4. 类似联想法。这种联想是根据事物之间在现象或本质方面有类似之处而建立起来的联想。类似联想主要是突出事物的共同性和相似性，它对学习和记忆发挥着重要作用。如平行四边形的面积公式的导出，就是利用两个全等三角形的相似特点推出来的。把一平行四边形的两个对角顶点联起来，就构成两个全等三角形，而三角形的面积公式是"底乘高除二"，两个全等三角形合起来构成的平行四边形，正是一个三角形的二倍，二二抵消，得出平行四边形的面积公式是"底乘高"。这样就很容易记住了。

类似联想在各科教学和学习中使用非常广泛，它要求在合乎

逻辑、忠于现实的前提下进行。不合逻辑、违背现实的两种事物，不能强行联系起来。类似联想用得好，不但对高效记忆有作用，而且有利于创造性才能的发挥。

5. 对比联想法。当看到、听到或回忆起某一事物时，往往会想起和它相对的事物。对各种知识进行多种比较，抓住其特性，可以帮助记忆。这就是对比联想法。

许多诗集、对联大多是按对仗的规律写出来的。如：杭州岳飞庙有这样一副对联，写的是"青山有幸埋忠骨，白铁无辜铸佞臣"。"有"和"无"是相反的，"埋忠骨"和"铸佞臣"是相对比的。相传这里埋着民族英雄岳飞的忠骨，后人由于痛恨奸臣秦桧用阴谋害死了他，用铁铸了秦桧夫妇的跪像放在墓前。只要记住这副对联的上句，下句也就不难凭对比联想回忆起来了。在背律诗时，往往感到中间两联好背，原因就是律诗的常规是中间两联对仗。对仗常用这种对比，例如"金沙水拍云崖暖，大渡桥横铁索寒"。又如唐朝诗人王维的《使至塞上》诗的中间两联："征蓬出汉塞，归雁入胡天。大漠孤烟直，长河落日圆"。相对比之处很多，由前一句可以很自然地想起后一句。

6. 奇特联想法。奇特联想是世界上公认的"记忆秘诀"，也是一种记忆的"诀窍"。奇特联想法是利用一些离奇古怪的想法，把有关事物、词语或知识串联到一起，在大脑中形成一连串的物象的增强记忆的方法。

运用奇特联想时有三个要点必须掌握：一是将静态事物动态

化，把本来是静止的东西，想法让它动起来。如"气球、草原、墨水"三个不相干的名词，你要联起它们达到记忆目的，可想象成墨水挂到汽球上向草原飞去。二是用甲事物取代乙事物，或让甲事物变成乙事物的一个组成部分，把它们联系或组装起来。如"铅笔、草帽、大豆、拖拉机"，可以想象成铅笔代替了人，戴着草帽坐在拉大豆的拖拉机上。三是对被记事物进行夸大或缩小，增多或减少。如要记住"手表、倭瓜、滑梯"这三件物，怎样联想呢？可想象成手表像倭瓜那样大，从滑梯上滚下来。如要记忆下列 10 个词：火车、河流、风筝、大炮、鸭梨、黄狗、闪电、街道、松树、高粱。这本来是毫不相干的 10 个事物，但你若这样联想就有意思了：火车在河流上奔驰，河流上飘来一个大风筝，风筝吊起一门大炮，轰轰炮响，炮口射出的鸭梨，打进黄狗口中，黄狗闪电般地跑上街道，爬上一棵老松树，偷吃树上的红高粱。

这里运用了代用法，如：用鸭梨代替子弹，用高粱代替果实；也运用了夸张法，如：风筝吊起大炮。联想中动静相间，张弛有度。这样很快就能按顺序记下这 10 个词，并且经久不忘。

运用这种方法对事物进行随意组合，就可进行联想创造，收到最佳记忆效果。奇特联想法乍看起来是可笑的，但使用到需记多项事物的场合，它就会发挥特殊效能。训练习惯之后，要记一连串的词语和事物，就方便多了。

此外，使用奇特联想记忆法要注意以下几点：

1. 奇特联想是浪漫的，每一个同学都可以按照自己喜欢的方式进行奇特联想。但它毕竟不是胡思乱想，它似乎是海阔天空的，但它又不是漫无边际的。因此，利用奇特联想法记忆的同学，不管思路如何开阔，归根结底，总要归结到"把不合乎思维情理的词变为合乎思维情理的词来记忆"这一法则上去。如果违背了这一法则，生编硬造，肯定达不到记忆的目的。

2. 奇特联想是以某一知识点为基础去联想其他知识的。如果某知识没有掌握好，硬要联想其他的，就如同架"空中楼阁"。因此掌握一定的知识是十分必要的。

总之，联想记忆的方法多种多样，我们如能抓住联想的规律，学会联想的方法，不但有利于迅速记忆，而且有利于巩固记忆。

### 第五节　谐音记忆法

从前有个爱喝酒的私塾先生，一天他给学生们布置了一道题目，要把圆周率背到小数点后30位，并宣布放学前考试，背不出不得回家，说罢就走了。学生们眼睁睁地望着这一长串数字3.141592653589793238462643383279，个个愁眉苦脸。一些学生摇头晃脑地背起来，还有一些顽皮的学生揣好题单，溜出私塾，跑上后山去玩。忽然，他们发现先生正与一个和尚在山顶的凉亭里饮酒作乐，便偷偷钻进了林子。夕阳西下，老师酒足饭饱，回来考学生。那些死记硬背的学生结结巴巴、张冠李戴，而那些顽皮的学生却背得清脆圆顺，弄得老师莫名其妙。原来，在林子里玩耍时，有个聪明的学生把要背诵的数字编成了谐音咒语："山巅一寺一壶酒，尔乐苦煞吾，把酒吃，酒杀尔，杀不死，遛尔遛死，扇扇刮，扇耳吃酒。"一边念，一边还指着山顶做喝酒、摔死、遛弯、扇耳光的动作，念叨了几遍，终于都把它记住了。

谐音是记忆的窍门。在记忆的过程中，我们可以把某些零散的、枯燥的、无意义的识记材料进行谐音处理，以形成新奇有趣、富有意义的语句，这样就容易记住了。

所谓谐音记忆法，就是把有些知识按照其他同音汉字去理解，使原来无意义的音节变成有意义的词句，使之生动、有趣，可以收到出奇制胜的效果。中国的汉字中有许多字是同音字，有更多的字读音相近似，借助这种谐音关系，赋予需要记忆的对象以特殊或新颖的意义，常常能收到一语双关，喜闻乐见而又经久难忘的效果。

谐音可以使无意义的材料变为有意义的材料，帮助人们进行理解记忆。比如，可以用这种方法来记忆地理数据。长江的长度6300千米，可用谐音法记作："溜山洞洞"。同理，地球的表面积为51亿平方千米，可记作："地球穿着有污点的衣服"。地理课本上写道："拉丁美洲的国家有洪都拉斯、巴拿马、哥斯达黎加、尼加拉瓜、萨尔瓦多、瓜地马拉（现译危地马拉）。"如果我们用红笔把各国为首的一个字圈出，就成了"洪巴哥尼萨瓜"。

如果我们借助谐音，就念成——"红八哥你傻瓜。"再在脑子里想象一只红羽毛的八哥，傻里傻气的样子很快就可将这些国家名记住。

还有，记住中国的 10 条大河：辽河、海河、黄河、黑龙江、鸭绿江、怒江、珠江、澜沧江、长江、雅鲁藏布江。如果硬记，可能会很困难。所以，我们可以把它变成 10 字："辽海黄黑鸭"，这是用 5 条河的字头组成；"怒猪（珠）滥（澜）长牙（雅）"则是用了谐音。这样把它们表现出来，就很容易记忆了。

学习英语，可以用谐音记忆法。比如，记 food（食物）时，想到"富的"；记 tomorrow（明天），想到"偷猫肉"；记 rose（玫瑰花）时，想到"肉丝"。

谐音记忆法还可以使枯燥无味的数字变为生动有趣的材料，使人愉快地进行记忆。比如，马克思诞辰是 1818 年 5 月 5 日，以谐音处理为"马克思一巴掌一巴掌打得资产阶级呜呜直哭"，这样就能轻而易举地把它记住。

利用谐音法还可以帮助记忆某些历史年代，不少人觉得记忆历史年代是件很苦恼的事，不容易记住，而且还容易混淆。但是，要学好历史，又必须记住历史年代，因为没有时间也就无所谓历史。于是，许多聪明人利用谐音法来帮助记忆历史年代。比如，李渊 618 年建立唐朝，可记作："李渊见糖（建唐）搂一把（618）"。再如，甲午战争爆发于 1894，用它的谐音："一把揪死"，就非常容易记住。

记忆的规律与记忆的方法

谐音法有时可以同其他记忆方法结合起来运用，这样效果更好。举例来说，1901 年清政府同帝国主义列强签订了丧权辱国的《辛丑条约》，其主要内容为：（1）清政府赔款白银 4.5 亿两；（2）清政府保证严禁人民的反抗斗争；（3）允许帝国主义在中国驻兵；（4）修建使馆，划分租界。我们可以把上述四点概括为"钱"、"禁"、"兵"、"馆"四字，这四个字可以读作"前进宾馆"。不妨把《辛丑条约》设想是在"前进宾馆"签订的，尔后一想到这四个字，就可以联想到辛丑条约的全部内容了。以上分别使用了归类记忆法、概括记忆法、谐音记忆法、联想记忆法。

又如一次绝对值不等式的解集：

$|x| > a$　　$x > a$ 或 $x < -a$

$|x| < a$　　$-a < x < a$

可用谐音法记作："大鱼取两边，小鱼取中间"。同时联想到吃大鱼只吃两边的肉，吃小鱼掐头去尾只吃中间。

谐音在古今生活中的应用由来已久，这些谐音的运用不但使文字变得妙趣横生，更使你过目不忘。大家可以结合自己的记忆实际，编出各种各样谐音记忆的内容。

## 第六节　协同记忆法

协同记忆法是把视觉、听觉、动作等结合起来用于记忆某些内容的记忆方法。古书《学记》中有这样一句话："学无当于五

官，五官不得不治。"意思是说，学习和记忆如果不能动员五官参加活动，那就学不好，也记不住。这说明远在 2000 年前我国古人就已经认识到读书学习要用眼看、用耳听、用口念、用手写、用脑子想，这样才能增强记忆效果。

人们都有过这样的体验：以前所学过的溜冰、舞蹈、画画之类的与动作相联系的内容最不容易忘记；诗词、歌曲等吟唱的内容次之；光用眼睛看过的书籍最易忘记。其原因在于它们属于不同的记忆。光用眼睛看是默记，是大脑对视觉符号的记忆，就是所谓的"视觉符号记忆"；读、写和运动性的记忆，包含着专管运动的小脑对肌肉运动的记忆，称为"运动记忆"；"视觉符号记忆"遗忘速度较快，而"运动记忆"遗忘速度较慢，甚至终生不忘。

如，小提琴家一连串准确、持久、迅速的动作，能不加思考地再现出来，几乎成为习惯性的动作，还有书法家、画家、雕刻家娴熟、准确的动作，莫不与运动记忆有关。我们小时候背诵的古诗词，尽管当时不懂含义，但长大后仍能脱口而出，这是小脑对口腔肌肉一连串动作保持牢固记忆的缘故。可见，协同记忆对于提高学习效率具有十分重要的意义。

现代科学研究发现：人的左脑侧重于抽象思维，主管语言、代数、逻辑等；人的右脑侧重于形象思维，主管直观图像、音乐、几何、综合创造等。心理学家理查德·汤普森和医学家斯凯尔研究证实，人的小脑中被称为"下橄榄核"的部位对记忆起着重要的作用。在学习中，充分调动人脑视觉中枢、听觉中枢、语言中枢、运动中枢等各个部位的积极性，协同记忆，对于提高记忆质量效果显著。苏联心理学家沙尔达科夫的实验证实：只听不看的记忆能力是60%，只看不听的记忆能力是70%，既看又听的记忆能力是86%。

古人读书讲究"三到"，即眼到、心到、手到。闻名学者朱熹在《训学斋规》中指出"读书必须要读得字字响亮，不可误一字，不可少一字，不可多一字，不可倒一字，不可牵强暗记，只是要多诵数遍，自然上口，久远不忘。"文学家苏东坡，在多年的求知生涯中，养成了抄书的习惯。他的抄书，往往不是为了积累资料，而是为了加强对书的内容的记忆。朱熹和苏东坡就是运用的协同记忆法！所以，我们需要强调的是，通过实验、制作等实际操作，不仅可以增强感性知识，提高记忆效果，而且由于经常活动手指，还可以使大脑沟回增多变深，提高智能，延缓大脑衰老。在大脑运动中枢，与一个拇指相对应的大脑皮层面积相当于与一条大腿相对应的大脑皮层面积的10倍。大脑控制整个躯干的脑细胞数量只相当控制双手的脑细胞数量的1/4。协同记忆法应用于学习实践，主要应体现在把听、说、读、写、思和实际操作结合起来。

曾有老师将学生均分三组，只告诉甲组学生10张画上的内容，不让学生看画；只让乙组学生看这10张画，不讲解画上的内容；既给丙组学生讲解画上的内容，又让他们看这10张画。

随后测验，甲组记住 60%，乙组记住 70%，丙组记住 86%。

我们平日里可以在休闲时抽出一些时间去进行两种或多种感觉器官协同记忆的练习，如在无杂音干扰的环境中进行音乐听写，仔细地倾耳细听、默写，再反复对照；全神贯注地听一首曲子，至熟后清唱，再听，再唱，直至听唱合一。在限定时间内记忆声音信息的能力就在这种训练中不知不觉得到提高。据说莫扎特自幼勤于进行这种训练，在他 14 岁的时候，一次听完意大利作曲家阿莱格里·格雷戈里的一首弥撒曲，回到家中，将曲子几乎完整地默写了出来。进行眼手口脑协同记忆的训练，有些重要的繁难信息，可以通过视觉观察后，用笔写下来，反复朗读，直至能背诵。过后，再抽闲暇时间不断背诵或回忆或默写。

多通道记忆法需要动用大脑的各部位协同合作，来接收和处理信息。这种方法在掌握各种语言文字的过程中效果显著。因为不论哪一种语言，学习目的总是为了读、写、听、说，这四种能力恰恰涉及信息输入和输出的四种不同的通道，因此，在学习语文、英语时，最好采用多通道记忆法，边听边记，有人说"好记性不如烂笔头"，其强调的就是"眼过千遍，不如手写一遍"。由此可见，动笔对于记忆的重要性。

因此，在学习过程中，要多运用多通道记忆法，边听边积极思考，以听懂为第一，总结出所接收的语言内容的要点，并在其语言停顿的空隙，扼要地记上几个字或几句话。

## 第七节　口诀记忆法

所谓口诀记忆法就是以整齐押运的句式概括出所要记忆的内容，形式上近于顺口溜，内容上对其概括，然后实行强化记忆。

在平时的学习中，经常会遇到一些零散的知识，如果不加以整理，那就很难记住。比如，我国现行建制的省、直辖市、自治区、特别行政区共有 34 个，名称繁多，全部记得齐整清楚并不容易。如用同字合并归纳法，以楹联方式排列，组成一副对联，就便于表述、理顺、记忆了。

此联如下：四江山河，云贵川藏，吉蒙港台澳；三海湖广，京津陕甘，福重疆宁安。

上联头 4 字为 8 个省，以下 9 字每字各代表一个地名。四江是指江苏、江西、浙江、黑龙江；山河是指山东、山西、河南、河北。

下联头 4 字为 7 个省。除"宁"字之外（"宁"为辽宁、宁夏），其余 8 字每字各代表一个地名。三海是指上海、青海、海南岛；湖广是指湖南、湖北、广东、广西。

此联既是我国 32 个省级地名和 2 个特别行政区名的有序编排，亦反映伟大的中华民族人心所向，不可分割；疆土宁稳，国泰民安。

经常有人喜欢将地理的名词编成小的顺口溜。比如，四大著名石窟，为了方便记忆，可记成："一个叫云龙的人卖（麦）馍（莫）"，即：云龙卖馍——云指云冈石窟，龙指龙门石窟，麦指麦积山石窟，莫指莫高窟。

还有，与中国接壤的 14 个国家名称口诀："月娥姑娘（越南、俄罗斯）很腼腆（缅甸），蒙着布单披仁毯（蒙古，不丹，哈萨克、塔吉克、吉尔吉斯斯坦），度过稀泥（印度、老挝、尼泊尔）去朝鲜，吧唧吧唧一身汗（巴基斯坦、阿富汗）"。这样记就方便多了。

又如，许多人把中国历史朝代编成口诀，不但提高了记忆效率，而且经久不忘。比如，用口诀法记忆"五代十国"名称。

五代——后梁、后唐、后晋、后汉、后周，可记作："梁唐晋汉周，前边都有后。"

十国——吴、南唐、吴越、楚、闽、南汉、荆南（又称南平）、前蜀、后蜀、北汉，可记作："前后蜀，南北汉，南唐、南平曾为伴，吴越、吴、闽、楚十国，割据混战中原乱。"

学习语文里古文加标点的规律："曰后冒（冒号），哉后叹（叹号）；盖、夫大多在句前，于、而一般在中间；耶、乎经常表疑问，矣、尔后面加圆圈（句号）；者、也表停顿，句逗酌情看。"

数学三角函数公式口诀表："三角函数公式多，细细推敲有规律；正弦余弦和公式，由它入手导其他；$\beta$ 变负和变差，两角相等成倍角；和与差来加减，导出积化和与差；遇到和差要化积，积化和差来帮忙；两角之和等于 $x$，两角之差等于 $y$；代入积化和差中，和差化积完成了；遇到半角也别慌，余弦倍角来帮忙；半角等于 $\alpha$，代入其中去推敲。三角函数巧变化，基本公式莫忘了；正余平方和为1，正切余切互相倒；正弦余弦比为切，推倒过程要细心。"

学习化学必须记住常见元素的化合价，但是零零碎碎很不好记，如果编成口诀，就好记多了："一价氢锂钠钾，二价氧镁钙钡锌，铜汞一二铁二三，碳锡铝在二四寻，硫为负二和四六，负三至五氮和磷，卤素负一三五七，三价记住硼铝金。"这8句口诀，概括了26种常见元素的化合价。

我国的二十四节气歌，在劳动人民中间世代相传，且有强大的生命力：

春雨惊春清谷天，

夏满芒夏暑相连；

秋处露秋寒霜降，

冬雪雪冬大小寒。

上半年来六廿一，

下半年是八廿三；

每月两节日期定，

最多相差一两天。

除二十四节气歌外，乘法口诀、珠算口诀、百家姓等都是运用口诀记忆法的实例。

有一个标点符号的顺口溜，用的是罗列法：

一句话说完，画个小圆圈（。句号）

中间要停顿，小圆点带尖（，逗号）

并列词句间，点个瓜子点（、顿号）

并列分句间，圆点加逗号（；分号）

疑惑与发问，耳朵坠耳环（？问号）

命令或感叹，滴水下屋檐（！感叹号）

引用特殊词，蝌蚪上下窜（""引号）

文中要解释，两头各半弦（（）括号）

转折或注解，直线写后边（——破折号）

意思说不完，点点紧相连（……省略号）

特别重要处，字下加圆点（·着重号）

如果我们所学的内容是次要、非重点的或是不编口诀也很容易记下来的，那么我们就没有必要把它们浓缩，只要概括那些重点内容就可以。而且，这种记忆方法并不是所有的知识内容都可以运用，一定要在理解、熟悉内容的基础上加以概括。

## 第八节　卡片记忆法

有许多人，读的书确实很多，当时凭脑子也记得一些东西，但时过不久，就忘得差不多了，等到要用的时候，又捕捉不到了，就像竹篮打水，结果却是场空。还有种方法是外储，就是利用笔、本、卡片、录音磁带等来储存必要的知识。内储和外储两者要兼顾。

我国著名的历史学家吴晗总是随身携带着一叠卡片，在阅读书籍、报刊时，凡是遇到对他有价值的资料，就抄在卡片上，每张卡片只记录一件事或一段话，并且记下出处。在他的书房里，不仅有卡片柜，还摆着许多卡片盒。多年来，他亲手做读书卡片几万张，并按内容分类，把大量的资料储存起来，像使用银行中储蓄的钞票一样，随时用随时取。这样做，既方便效果又好。记卡片，确实是读书、自学中储存知识的好方法。

那么，这种习惯是怎样形成的呢？就是在读书、看杂志、看报纸时就应该把卡片、笔摆在旁边，遇到有应该记的，包括自己在读书时闪现的想法、感受或有些疑点、动人故事等立刻写在卡片上，不要偷懒或过分相信自己的记忆力。如果环境不允许当时写，就把卡片夹在应该记的书页里，以后有时间再补记下来。

记卡片的方法是很多的，各个人的办法也不尽相同。最好的办法是把卡片随时进行分类，就是把读书的卡片分成若干个大类，装在纸袋里，标上类别，按照一定顺序整齐地存放起来。如果有条件，把卡片放入卡片盒中，然后再做一张导卡（也叫指引卡，导卡有高出普通卡片的突出部分，在这个突出的部分写上类目或标记符号，然后插在该类的最前面）。

为了把读书卡片做得更好，发挥其更大的效率，还须注意以下几点：

1. 卡片的大小要差不多，用稍好一点的硬纸即可，可以自己裁制，不一定非用买的卡片不可。

2. 记卡片的格式要一致。如题目、内容、出处，要按照一定的格式写，不能随意地想怎么写就怎么写，否则就会杂乱无章，眉目不清，到用时查起来麻烦。

3. 资料最好都记录在卡片上。如果是自己订的报刊资料，可以剪下来贴在卡片上：如果剪报比卡片大，可以折叠一下，用别针夹在卡片上。

4. 字迹要清楚，不可马虎。近代思想家章太炎说过："一字不清，误事千载。"所以读书卡片一定要认真抄写。写完以后，还要认真校对一下，避免差错。

5. 用完卡片以后要及时地放回原处，以方便今后再次查找。

## 第九节　分段记忆法

晓惠是一名上五年级的学生。一天晚上，她看完电视正想睡觉，突然想起今天老师留的课文还没有背。这可把她急坏了，她赶忙拿出语文课本。可是，这篇课文又长又难背，什么时候才能背完呢？于是，她想到今晚先把前半部分背完，剩下的明天再背。但前半部分也不短，她又把这部分分成若干个小节，一节一节地读，一节一节地背。结果还真灵。一会儿的工夫，她就把前半部分背完了。她又用同样的方法试着背剩下的部分，没过多长时间，一篇又长又难背的课文竟也背出来了。

其实，晓惠用的这种记忆方法，就是分段记忆法，即把要背的材料分成若干段，每一大段里又可分成若干小段。如此，原来一大篇化成了若干小篇，若干小篇又可化成若干小段。一小段一小段记并不困难。这种方法在心理上就产生了优越感，信心自然也就有了。这种方法比较适合学习内容杂而多、识记材料间意义联系少的材料。比如，文言文、人名、地名、历史年代、外语课文等等。

采用分段记忆法的好处是：化整为零，增强记忆的信心；化难为易，在记住一段后会获得成功的喜悦，从而调动记忆的积极性。

美国心理学家约翰·米勒曾对短时间记忆的广度进行过比较精确的测定，测定正常成年人的记忆广度是 7±2，并且得到了国际记忆学界的公认。我们把它称作"魔力之七"，也就是说，识记材料每个分段所包含的数量最好在七个左右，不管是单个识记内容还是同类的集合，都同样有效。只有这样，才能使分段记忆的效率达到最高。

当我们面对许多需要记忆的材料时，要记住，重要的不是记多少，而是怎样去记住。面对大堆要记的材料时，千万不要对自己缺乏信心，只要你把这些内容分成几个部分去记忆，就不是想象中的那么难。

我们一定知道我国的古诗多五言、七言，而很少有八言的，

有些诗偶然出现八个字的，就会让人觉得很难记忆。可见，一个人在一定的时间内，对事物的记忆量是有限的，超过了这个限度就很难记忆。我们把要记的东西分开来记忆，即采用分段记忆法，就不会使头脑的负担过重，记起来就容易多了。

比如，一篇文章有好几页，那么你可以先把它通读几遍，大致了解文章的内容。然后根据"魔力之七"的原理，将它分成各部分内容均等的七部分，再把每部分分成七大段（可以把有一定关联的材料分为一段），然后把每段分成七句话。七句话七句话地背，等背熟了再背后七句话。这段背熟了再背下一段……等到部分都背熟以后，再把整篇课文读一遍，再背一遍。如果有的地方还不够熟，就重点把那部分背上三四遍。最后，通背课文，就可以了。

可以说，这种化整为零，化大为小，是符合记忆规律、增强自信心的好方法。

## 第十节　限定时间记忆法

限定时间记忆法是限定记忆时间，力求在预定时间内完成一定记忆任务的记忆方法。由于人的大脑有一定的惰性，在没有紧迫的记忆任务的情况下，常易产生松懈情绪，降低记忆的效率。如果我们在记忆的时候给自己限定记忆时间，并要求自己在预定时间内完成一定的记忆任务，能使自己产生紧迫感，让自己头脑活跃，各部的精力都投入记忆，就能达到较好的记忆效果。

也许你有过这样的体会：老师在这星期一布置了一篇作文，让下个星期三交，不少同学都会留到星期日去做。而平时两个小时很难写完的一篇文章，在考试时，谁都必须在两个小时内做完。这个原因主要是：人的大脑表现出一种明显的惰性，在没有时间限制、没有紧迫感的情况下，往往紧张不起来，因而会直接影响记忆效率。弄清了大脑这一特性，在记忆某些材料时，可以自己命令自己，必须在一定时间内完成，这样，就会使大脑紧张起来，积极投入记忆活动。

前苏联著名的昆虫学家柳比歇夫是善于计算时间的楷模，他对自己实行一种"时间统计法"，从 1916 年元旦开始到 1972 年逝世为止，56 年如一日，从未间断过。他要求自己按限定时间完成预定工作量，据说正负误差一般不超过 10 分钟。在限定的工作时间里，他精力高度集中，排除一切干扰，因而确保了工作效率。

在记忆活动中，我们可以利用这种方法，面对记忆任务，对自己提出时间限制。不过，这样做必须有个时间计划，习题在限定的时间内能够完成。如果估不准，可以稍宽打一些，否则，与实际情况差距太大，就会流于形式，难以奏效了。

如：三国演义中的曹操自己根据毕生的军事经历编写的《孟德新书》在张松默记并背诵后，将《孟德新书》烧毁的故事。由此可见，情况紧急时，短时间内限定时间记忆的效果是很惊人的。

美国著名的汽车制造创始人克莱斯勒还是个修理火车头的工人时，有一次，他用一般人无法想象的速度修完了所有的火车头。原因是若不修完这些火车头，车站没有备用的车头，可能会造成许多车次脱班的情况。他说："若不是在迫不得已的情况下，我的动作无法如此迅速。"当考试来临时，学生会遇到同样的境遇，这时会有一种鞭策自己用功的紧张情绪，因此自然会产生读书的欲望。这时集中精力全身心投入，便能充分发挥潜力。

当人全神贯注去记忆时，由于自身的惰性干扰、自我压抑、情绪波动干扰都能降到最低点，而潜在的记忆能力，在冲破这些干扰、压抑之后，容易开发出来，于是记忆效率往往是平常的2倍，甚至是3倍、4倍。这主要强调珍惜时间，意识到每分钟的宝贵，增强全身心进入记忆状态的能力。

如有的老师在课堂上限定学生半分钟背一篇《论语》，98%的学生能在规定的时间内完成任务。虽然时间短，但效率高。在朗读、背诵时，给自己限定时间，规定数量，如：1分钟背出1段文章，3分钟内读上2遍。读时逐步加快速度。先稍快，再加快，再特快，并要快而不乱，快而不错，迫使自己的注意力高度集中，使记忆信息迅速输入大脑，获得强烈印象，达到记忆的目的。

在运用限定时间记忆法时，所限时间的长短应根据记忆内容的多少和难易程度来确定。所限时间过长，就不能产生通过积极进取达到记忆目标的必要性，反而让人变得懒惰。所限时间过短，又会使识记者看不到达到记忆目标的可能性，从而丧失信心。如把 26 个英文字母 abcdefghijklmnopqrstuvwxyz 让一组读者限定 2 分钟记忆；又把 26 个英文字母打乱排列成为 bevdwgtkaiyhxn-lrzqpmsoucjf，让另一组读者限定 2 分钟记忆。结果表明，第一组很轻松地完成了任务；第二组没能在规定时间内完成，所用时间大大超过第一组。原因在于，当难度不同时，所规定的时间也要不同，不能想着自己一下就能把全部的都记住，这样很容易丧失信心。

当我们遇到数量不大而又比较容易的材料时，就可以采用限定时间记忆法把它一气呵成地记住。资料数量大且比较难时，可先用部分记忆法将其分割成几个部分，限定一个时间来记忆，最后再整体记忆一遍。

如此看来，对记忆时间的限定必须适度。限定时间适度，明确了记忆的目的和记忆过程，用自我勉励和表扬法，自然记忆就轻松了许多。这样渐渐地能坚定记忆的信心，培养记忆的兴趣。

限定时间记忆法更适用于考试前的突击。因为，考试前我们需要一种背水一战的心态，这种心态很有价值。当一个人遇到时间限制时，大脑会空前兴奋，全身心都会投入到当前的活动中。如果我们人为地将考试"提前"，将复习时间缩短，就可以调动全部潜能，进入高强度、高密度的记忆状态，由此大大提高单位时间的记忆量。事实表明，这种人为制造紧张气氛的方法很有成效，尤其适于那些平时抓不紧、意志较薄弱的同学。

## 第十一节　提纲记忆法

很多学生都知道，熟读一门课程的目录会对这门课程的学习有很大的帮助，因为整个课程的编排，是有一定科学规律的，目录不仅可以帮助我们查找具体内容的页码，还可以帮助我们整体了解和掌握这门课程的内容。记住了目录，就相当于掌握了这门课程的主线，通过对目录的了解和记忆，可以对课程有更多的了解和全面的把握。目录就是一本书的提纲。

提纲就像一个骨架，它会把许多重要知识都引领出来，而且有组织有顺序，完整而系统。有了提纲，就会知道识记材料的主要脉络。提纲记忆法就是把所学的知识用线索"串"起来，就像钢绳总揽渔网，绳索串起铜钱那样，整理、总结出知识脉络的一种记忆方法。

我国唐宋八大家之一的韩愈是个自学成才的文学家。他自幼苦读，在"口不绝吟于六艺之文，手不停披于百家之编"时，非常注重笔记。读记事文章时，总要提出纲要；读立论书籍时，总要勾出精义。他常说："记事者必提其事，纂言者必钩其玄。"而伟大的马克思更是善于运用提纲记忆法的大学者，他特别重视作阅读提纲，认为一种通晓识记材料的必要工作过程。他甚至花了大量时间和精力，为自己个人的藏书做了提要，使书中的精华了然于胸。

由例子我们可以看出，提纲记忆法实际上就是把一篇文章的主要脉络通过编写提纲的过程，分类、整理、综合、分析、概括成便于记忆的线索材料，整理者在这个过程中自然而然就消化了材料内容，深化巩固了记忆。

提纲记忆法主要有这样几个阶段：

1. 分析。通过分析对材料进行消化理解。我们在阅读一本书的时候，可以在学习前先看内容提要和目录，从宏观结构上弄清各章节之间的关系。然后再看前言或后记，了解作品的写作背景和写作意图。阅读时，可先泛览几遍，在了解全篇的基础上，划分段落，反复揣摩，尽快掌握文章的整体布局及脉络。

2. 综合。对识记材料进行全面概括，提炼出记忆的重点。在划分文章段落的基础上，根据分析结果写出段落大意，总结全篇的中心思想，在此基础上，再进一步找出文章的要点、难点，并用提纲的形式概括出来，这也就是我们要记忆的重点。

3. 表述。对需要记忆材料的总结过程。我们在阅读书籍后，可以合上书本，把经过阅读、消化、分析而印证在头脑中的提纲表述出来。如果你的表述十分完整、确切，那就说明识记材料的内容已经为你所掌握，如果表述的残缺不全，丢三落四，那就还要进一步熟悉提纲。

4. 整理。对所提练提纲最后确定的环节。整理提纲的方法很多，对记忆都有较好的效果，常用的有以下几种：

（1）抄目录。每本书都有目录，目录既精炼又概括。

（2）读目录。可使一本书的内容一目了然，可以使记忆成系统，帮助我们进行整体记忆。

（3）编写提纲。编写提纲的目的是抓住记忆的主干。

（4）改写提纲。对有些书籍的提纲可以进行凝缩、稀释、增删合并，使之更趋于合理化；对自己编写过的提纲也可进行改写，这样能使记忆更加牢固。

由于编写提纲更有助于记忆，我们可根据自己的时间和爱好亲手编写提纲。编写提纲就是自己对照需要识记的知识进行编写，编写的提纲要求既精炼又概括。编写提纲的目的是抓住记忆的主干，有了主干以后，就不愁添枝加叶、统顾全部了。编写提纲就是要编写出识记知识的主要脉络，就是对识记知识的分析、总结和表述。

编写提纲进行记忆时要注意：

1. 量材而用。要根据识记知识对自己的需要决定是否编写提纲。

2. 分清主次。要以主要知识为纲，次要知识从略。

3. 及时复习。采用提纲记忆法时，要多复习多回想，才能牢记不忘。

为了更好地达到记忆效果，我们先把提纲多看几遍，感到对它较为熟悉，或者可以默写下来时，就找一张同样大小、同样格式的纸，依同样的顺序默写下来，遇到记不住、记不准的地方可以先空下一行，再默写其他内容，待实在回忆不起来的时候，可以照原提纲，用另一种颜色的笔，填上空白，改正错误。这样，对忘掉的、记错的部分，就会有一个深刻的印象，对加强记忆很有好处。

在采用提纲记忆法时，一是要面对实际，该用此法的就用，不该用的不要画蛇添足；知识多时当用，极短的知识就无任何必要了。二是要在理解知识的基础上采用，不了解提纲的主体知识而单独去看提纲只会一知半解；三是要及时温习，提纲虽然简明扼要，但也不是一下子就镌刻在心中的，也应经常复习，经常默写，这样才能历久不忘。

# 第三章　数字记忆法

对于数字，相信大家都非常熟悉，数字与我们的学习和生活都息息相关，历史年代里会涉及数字，各种公式和科学数据里会涉及数字，电话号码、身份证、银行卡号这些也都是用数字来表示的。人们时常会因为记不住某些数字而感到烦恼，因此我们有必要学习记忆数字的技巧。

记忆数字的时候，会用到各种各样的方法，比如，在记忆较短的数字时，经常会用到串联法，也就是把一串数字拆成几个部分，并把各部分的数字转换为我们熟悉的或者较奇特的容易记的信息，然后把这些信息串联起来的方法。在记忆较长较难的数字时，则会用到定桩法，也就是把我们需要记忆的信息与我们已经牢记的一些有着清晰顺序的桩子按顺序联结起来的方法。通过对记忆数字方法的灵活应用，可以对我们的学习和生活，产生各种积极的作用。

## 第一节　1～100数字编码

大家来看这样一串数字：

358951628318361698391892426510476350

这串数字一共有 36 位数字，如果要你把它记下来，需要多长时间呢？如果没有一个很好的记忆方法，可能会花费很长的时间才能记住，但是如果你能把它编成一个故事来记的话，速度就会快得多。

我们可以把它编成这样一个故事：上午，我喝了一些白酒，又练了一会儿武艺，就骑着驴儿去爬山，结果遇见了姨妈。她沿着山路在摘石榴。后来我们找了个酒吧，喝起了散酒。姨妈的酒量很大，我适量地喝了一点。她觉得我落伍了，硬塞给我一些鸡蛋，让我回去找个司机，开车把她送到庐山，去参加武林大会。

在这个故事当中，有些词语很关键，比如：上午、白酒、武艺、驴儿、爬山、姨妈、山路、石榴、酒吧、散酒、酒量、适量、落伍、鸡蛋、司机、庐山、武林。

这些词语实际上每个都代表两个数字。如："上午"代表"35"，"白酒"代表"89"，"武艺"代表"51"，"驴儿"代表"62"，"爬山"代表"83"，"姨妈"代表"18"，"山路"代表"36"，"石榴"代表"16"，"酒吧"代表"98"，"散酒"代表"39"，"酒量"代表"92"，"适量"代表"42"，"落伍"代表"65"，"鸡蛋"代表"10"，"司机"代表"47"，"庐山"代表"63"，"武林"代表"50"。

这些数字连起来刚好 36 个。如果我们用死记硬背的方法来记这些数字，确实需要很长时间，而且也很容易忘记。如果我们

把它们转换成一个个词语，然后连成一个故事，就很容易把它们记住，而且也不容易忘记。这其中的"词语"就是我们要讲的"编码"。

编码，就是把抽象的数字转换成具体形象的事物，从而实现快速记忆。数字是无穷无尽的，但是我们只要记住 1 ~ 100 的数字编码就行了。有了这 100 个编码，我们就能应对各种要记的内容。

下面，我们就来一起学习 1 ~ 100 的编码。

在刚开始学习阿拉伯数字的时候，老师总是说，1 像铅笔细又长，2 像鸭子水上漂，3 像弹簧蹦蹦跳，4 像红旗飘呀飘，5 像秤钩来买菜，6 像烟斗冒青烟，7 像镰刀割青草，8 像麻花扭一遭，9 像球拍能打球，10 像鸡蛋做蛋糕。这 1 ~ 10 的阿拉伯数字通过运用这段顺口溜，就很容易记住，其中一个很主要的原因就是采用了象形的方法使其形象化，看起来很直观、很具体，因此也很好记。

我们也借用这段顺口溜，把 10 个阿拉伯数字进行编码，即：

| | | |
|---|---|---|
| 1——铅笔 | 2——鸭子 | 3——弹簧 |
| 4——红旗 | 5——秤钩 | 6——烟斗 |
| 7——镰刀 | 8——麻花 | 9——球拍 |
| 10——鸡蛋 | | |

那么怎样用它们来记忆所要记住的东西呢？实际上很简单，就是把这些编码同所要记忆的内容进行联想即可，只要想起这些

数字，就会想起答案。比如记忆亚洲的主要河流：

1. 黑龙江　　　2. 黄河　　　　3. 长江

4. 恒河　　　　5. 湄公河　　　6. 印度河

7. 底格里斯河　8. 幼发拉底河　9. 勒拿河

10. 鄂毕河

我们把 1～10 的数字编码与这 10 条主要河流进行联想记忆：

铅笔——黑龙江：亚洲的河流是用铅笔开通的，特别是黑龙江。

鸭子——黄河：一群鸭子在黄河中悠闲地游来游去，引得众人观看。

弹簧——长江：这时有一个人拿出一只弹簧轻轻地一弹，哪知一下子就弹出了一条长长的大江（长江）。

红旗——恒河：于是人们一边挥舞着红旗，一边狠狠地喝（恒河）着饮料，涌到了江边。

秤钩——湄公河：江边有许多商贩，他们的秤钩被人们挤坏了，因此他们也没工作（湄公河）了。

烟斗——印度河：商贩们只得拿出烟斗抽了起来，那烟雾都吹到了河（印度河）边。

镰刀——底格里斯河：这些商贩总想做点什么，于是他们运来一批镰刀，想用低的价格来赚点钱，哪知这里不适合（底格里斯河）做这种生意。

麻花——幼发拉底河：商贩们接着运来一批麻花，又发现人们吃了肚子拉得（幼发拉底河）很厉害。

球拍——勒拿河：商贩们总不死心，又运来一批球拍，勒令别人拿（勒拿河）去使用，结果被工商局罚了款。

鸡蛋——鄂毕河：商贩们亏大了，每人只吃了一个鸡蛋，饿着肚子笔（鄂毕河）直回家了。

我们再回过头来想一下，是不是能想起这些河流呢？我们肯定能够想起来。这就是数字编码的作用。运用数字编码我们可以记住成百上千项知识内容，并且还能按数字的先后顺序"钩出"所要记忆的对象的顺序。比如记忆太平天国起义所经过的路线：金田——永安——桂林——金州——长沙——岳州——武昌——九江——安庆——南京。

我们用1～10的数字编码来进行记忆：

铅笔——金田：洪秀全举起铅笔在金田进行了起义。

鸭子——永安：起义胜利后，乡亲们送来鸭子慰劳起义军，并留起义军在永安住宿。

弹簧——桂林：起义军谢绝了乡亲们的好意，带着弹簧向桂林出发了。

红旗——金州：扛着红旗的士兵走在最前面，他拉大嗓门向大伙喊道："弟兄们，走快点，我们快到金州啦！"

秤钩——长沙：为了避免响声惊动敌人，起义军将随身携带的秤钩都缠上了一层厚厚的棉纱（长沙）。

烟斗——岳州：经过一段急行军后，起义军拿出烟斗抽了起

记忆的规律与记忆的方法

来，于是越走（岳州）越有劲。

镰刀——武昌：起义军感到有点儿饿了，就拿起镰刀砍下一节树枝当作午餐（武昌）吃了起来。

麻花——九江：接着又吃了点麻花，喝了点九江水，继续前行。

球拍——安庆：起义军所到之处都受到了人们的热烈欢迎，特别是生产球拍的安庆，人们更是欢声雷动。

鸡蛋——南京：人们拿出鸡蛋来犒劳起义军，还说"真难见（南京）到你们啦!"

现在回想一下，如果我问起义军经过的第3个地方是哪里？大家是不是一下子就想到了"桂林"？为什么呢？因为"3"的编码是"弹簧"，起义军带着"弹簧"向"桂林"出发了。如果我再问起义军经过的第7个地方是哪里？大家是不是一下子就想到了"武昌"？因为"7"的编码是"镰刀"，起义军用"镰刀"砍下树枝当作"午餐"（武昌）吃。

大家需要注意的是，作为编码，一定要放在所要记忆的内容的前面，把它当作"钩子"，钩出后面的材料。如"铅笔"必须放在"金田"的前面，"鸭子"必须放在"永安"的前面。要把所记的内容从头到尾编成一个故事，这样就更容易记住。

学完了1～10的编码，我们再来学习11～20的编码。11～20的编码采用谐音的方式：

11——摇椅　　　　12——妖儿　　　　13——衣衫

14——石狮　　　15——食物　　　16——石榴

17——仪器　　　18——姨妈　　　19——药酒

20——按铃

我们应用这组编码来记忆郭沫若的 10 部戏剧作品：《卓文君》、《王昭君》、《聂嫈》、《棠棣之花》、《屈原》、《虎符》、《高渐离》、《孔雀胆》、《南冠草》、《武则天》。

记忆如下：

摇椅——卓文君：一把摇椅上，坐着卓文君。

妖儿——王昭君：妖儿跑过来一看：怎么变成了王昭君？

衣衫——聂嫈：吓得衣衫也丢了，还是聂嫈帮她捡了起来。

石狮——棠棣之花：这时，一只小石狮衔来一朵美丽的棠棣之花，才缓解了紧张的气氛。

食物——屈原：突然，从天上又掉下一堆食物，砸伤了屈原。

石榴——虎符：其中有一颗石榴，上面还画了虎符。

仪器——高渐离：大家拿来仪器进行检查，发现高渐离藏在里面。

姨妈——孔雀胆：姨妈忍不住尖叫了一声，把孔雀胆都吓破了。

药酒——南冠草：大家本想拿来药酒镇镇惊，哪知拿来的是南冠草。

按铃——武则天：这时按铃响了，从屋里走出了威严的武则

76

天，大家这才平静了下来。

我们回忆一下，能记住这 10 部作品吗？答案是肯定的。"编码"在这里起了很大的作用。我们学习了数字编码，今后看到这些阿拉伯数字就不会感到枯燥乏味了，相反会感到很亲切、很有活力，因为它们都富有了新的含义。我们借助它们的含义，便能很快捷地按照其顺序记住所要记忆的东西。

下面 21～30 编码，我们同样采用的是谐音。

21——阿姨　　　22——娘娘　　　23——粮仓

24——粮食　　　25——二胡　　　26——阿牛

27——暗器　　　28——恶霸　　　29——二舅

30——山洞

我们试着用这组编码来记忆我国的 10 种珍稀动植物：大熊猫、扬子鳄、东北虎、金丝猴、藏羚羊、白鳍豚、褐马鸡、水杉、鹅掌楸、银杏。

大家准备好了吗？我们一起开始：

阿姨——大熊猫：阿姨抱着一只大熊猫在园子里喂食。

娘娘——扬子鳄：娘娘跑过来说："扬子鳄过来了，你们可要小心啦！"

粮仓——东北虎：这时，又从粮仓里蹿出一只东北虎，径直朝园子里跑去。

粮食——金丝猴：口里的粮食还没吃完，金丝猴也跑了过去。

二胡——藏羚羊：伴随着二胡声，藏羚羊也赶来了。

阿牛——白鳍豚：阿牛哥赶着白鳍豚也跑过来凑热闹。

暗器——褐马鸡：最搞笑的是带着暗器的褐马鸡也来了。哎，它们今天是动物聚会吗？

恶霸——水杉：这时，一个恶霸手里拿着一根水杉，把整个场子搅得一塌糊涂。

二舅——鹅掌楸：二舅为了鸣不平，拿起鹅掌楸，在一旁进行制止。

山洞——银杏：于是那些动物趁机跑进了山洞，并用银杏掩藏了起来。

好，这10种珍稀动植物记完了，大家记住了吧？

前面我们学习了1~30的编码，并举了一些应用例子，后面的31~100的编码我把它一一写出来，不再进行应用举例，大家可以依照我前面讲的例子自己进行练习。

| | | |
|---|---|---|
| 31——山药 | 32——扇儿 | 33——山川 |
| 34——上司 | 35——山虎 | 36——山鹿 |
| 37——散漆 | 38——伞把 | 39——散酒 |
| 40——司令 | 41——司仪 | 42——事儿 |
| 43——四川 | 44——丝丝 | 45——事物 |
| 46——思路 | 47——司机 | 48——丝瓜 |
| 49——死狗 | 50——武林 | 51——武艺 |
| 52——武二 | 53——午餐 | 54——武士 |

记忆的规律与记忆的方法

55——污物　　56——物流　　57——武器

58——尾巴　　59——五角　　60——流连

61——六一儿童节　62——驴儿　　63——庐山

64——螺丝　　65——落伍　　66——溜溜（球）

67——漏气　　68——篱笆　　69——遛狗

70——麒麟　　71——起义　　72——棋儿

73——旗杆　　74——骑士　　75——气雾

76——骑鹿　　77——七七事变　78——骑马

79——吃酒　　80——白领　　81——白蚁

82——扒儿　　83——爬山　　84——巴士

85——芭蕾舞　86——八路　　87——白旗

88——爸爸　　89——白酒　　90——酒令

91——旧衣　　92——揪耳　　93——旧伞

94——旧寺　　95——旧屋　　96——酒楼

97——香港　　98——酒吧　　99——舅舅

100——满分

要想利用数字编码来帮助记忆的话，就要牢固地掌握好编码，做到特别熟悉，只要一看到数字就能立即想到它的编码。要加强联想训练，提高联想速度。当编码与所记内容进行记忆时，要马上产生联想。另外，需要特别指出的是，以上这些编码仅供大家参考，大家可以根据自己的实际情况另编一套。不求精美，只要适用就行。

编码的运用非常广阔，它可以帮助我们记忆文字性和数字性的知识，比如记忆一些历史年代、公式定理和科学数据、圆周率和电话号码这样的数字串。另外，利用数字编码进行记忆的训练，对提高一个人的记忆力作用巨大，比如进行扑克牌的记忆训练，就是一个很好的例子。

## 第二节　历史年代记忆

历史知识的三要素是时间、空间、人物，由此构成历史事件。在学习历史的过程中，有的同学对浩繁的历史年代，始终都不能牢固地记住。下面就介绍一些历史年代的记忆方法。

第一类，趣味式，即用感兴趣的方式来帮助记忆历史年代。如 1900 年是义和团运动的高潮时期，可把数字的形状比成义和团群众拿着各种武器，长矛像"1"字，钢叉像"9"，盾牌像"00"，从而记住 1900 年这个历史年代。又如马克思生于 1818 年 5 月 5 日，可把"1818"谐音为"一巴掌一巴掌"，把"55"谐音为"呜呜"，合起来就把马克思生日说成是"一巴掌一巴掌打得资本家呜呜直哭。"

第二类，对照式，即用中外对照或古今对照的方式来记忆历史年代。

中外对照式，是把世界史和中国史和年代对照记忆。如我国春秋时期鲁国实行初税亩是在公元前 594 年，在世界史上雅典梭

记忆的规律与记忆的方法

伦改革也是公元前594年。再如公元476年，是西罗马帝国的灭亡，标志着西欧奴隶制度的崩溃，而我国公元前476年则是春秋时期的结束，标志着我国奴隶社会的终结。

古今对照法，也称远近对照法。公元零年为对称轴，进行前后对照。以公元前221年秦统一，公元后221年蜀国建立。再如公元前476年我国奴隶制结束，公元后476年西欧奴隶制结束。公元前841年是西周共和元年，公元后841年则是唐武宗会昌元年。

第三类，比较式，即用互相比较的方式来记忆历史年代。知道一个历史年代比较另一个历史年代，早几年或晚几年，便可由一个年代比较出另一个年代来。

如世界近代史比中国近代史早200年，中国近代史是1840年，世界近代史便是1640。再如世界现代史比中国现代史早两年，中国现代史是1919年，世界现代史便是1917年。

如第二次世界大战比第一次世界大战晚25年，第一次世界大战是1914年，第二次世界大战便是1939年。再如第二次鸦片战争比第一次鸦片战争晚16年，第一次鸦片战争是1840年，第二次鸦片战争便是1856年。

第四类，推导式，即根据记住的历史年代，经过推导而记住另一个或几个历史年代。这只要有一个基点数，然后通过人物，事件之间的历史关系，就可推出历史年代来。可从基点数向前推，向后推，同时向前后推，也可互相推。

前推法，从基点数向前推导。例如知道郭沫若写《甲申三百年祭》是1944年，往前推300年，即1644年，李自成建立大顺政权、农民军攻占北京、明亡、清军入关，均在这一年。

后推法，从基点数向后推导。如知道1818年马克思诞生，恩格斯比马克思小2岁，即1820年诞生；列宁又比恩格斯小50岁，即是1870年诞生。

双推法，从基点数向前后推导。如记住了抗日战争开始于1937年，往前推，10年内战开始于1927年；往后推，8年抗战结束于1945年。

互推法，几个密切相关的年代可以互相推导。如三国的建立年代，依次相差1年。220年魏国建立，221年蜀国建立，222年吴国建立。只要记住其中1个，就可推导出另外2个。

第五类，联想式，即用联想的方式来记忆历史年代。有相关联想、相似联想、相对联想等等。

相关联想法，通过相关事物的联想来记住有关历史年代的方法。如记住1927年我国第一次国内革命战争的失败，而由此联想为武装反抗国民党的统治，同年周恩来、朱德等同志领导了"八一"南昌起义。毛泽东同志于9月8日领导了秋收起义，张太雷、叶挺、叶剑英等同志领导了12月广州起义。

相似联想法，通过相似事物的联想来记住历史年代的方法。如公元前119年张骞第二次出使西域，"119"这个3位数字是我们大家都熟悉的火警的电话号码，由公元前119年，联想到

"119"火警的电话号码便好记了。

相对联想法，通过相对事物的联想记住年代的方法。例如第一次世界大战前后经过4年，由爆发年代（1914年）可以联想到结束年代（1918年）；反之，由结束年代也能联想到爆发年代。

第六类，排列式，即根据数字排列的方式来记忆历史年代。主要有重复排列、顺序相连、倒序相连3种方法。

重复排列法，根据数字重复排列的特点来记忆历史年代。如1616年努尔哈赤建立金后，1818年卡尔·马克思诞生，1919年"五四"运动爆发，都是前2位数字与后2位数字相同，重复排列。

顺序相连法，历史年代中的各位数字顺序相连，排成自然数。如公元前123年盖约·格拉构改革，3位数字顺序相连。1234年蒙古灭金，4位数字顺序相连。再如1789年法国资产阶级革命开始，末3位数字顺序相连。

倒序相连法，历史年代中各位数字颠倒顺序排列。如987年拜占廷发生福加斯暴动。这类数字的特点，是按着从后往前的顺序，排成颠倒的自然数。即由大到小，倒序排列。

第七类，整数式，即把历史年代是整数的集中在一起进行记忆的方式。

如公元前60年西汉设置西域都护府，公元前30年屋大维的元首政治开始，末尾都是一个"0"。如官渡之战是200年，祖冲

之去世是 500 年，法兰克王查理在圣诞节加冕称帝是 800 年。末尾都是 2 个 "0"。如唐福发明火药箭是 1000 年，埃及形成统一的奴隶国家是公元前 3000 年。末尾都是 3 个 "0"。

第八类，求同式，即找出某些数字相同的年代排列在一起，便于加强记忆。

首部相同法，即把开头几位数字相同的年代集中在一起进行记忆的方法。如 1113 年基辅人民起义，1115 年金建立，1119 年教皇在耶路撒冷建立神殿骑士团。这些数字的特点是开头 3 位数字相同。再如 1125 年金灭辽，1127 年金灭北宋。这些数字的特点是开头两数字相同。

尾部相同法，即把末尾数字相同的年代集中在一起进行记忆的方法。如 1222 年匈牙利王安德烈二世颁布 "黄金召书"，1555 年奥格斯保宗教和约。这些数字的特点是末尾 3 位数字相同，有 3 个 "2" 或 3 个 "5"。再如 1922 年香港海员大罢工，1844 年《中美望厦条约》、《中法黄埔条约》签订。这些数字的特点是末尾两位数字相同，前者 2 个 "2"，后者 2 个 "4"。

第九类，间隔式，即根据每隔几年发生一件大事的情况来记忆历史年代的方式。

隔一法。从中国近代史开始，每隔一年就有一件大事。如 1839 年虎门销烟，1840 年鸦片战争，1841 年三元里抗英，1842 年《中英南京条约》签订，1843 年洪秀全创立拜上帝会，1844 年《中法黄埔条约》签订。

隔二法。如从辛亥革命开始，每隔两年就有一件大事。辛亥革命是1911年，二次革命是1913年，护国运动是1915年，护法运动是1917年，都是间隔2年。

隔十法。在中国近代史里，基本每隔10年就发生一件大事：1841年三元里人民抗英斗争；1851年洪秀全领导太平军于金田村起义；1861年清总理衙门建立，洋务运动开始；1871年沙俄侵略我国伊犁地区，1881年《中俄伊犁条约》签订；1891年康有为《大同书》刊行；1901年《辛丑条约》签订；中国完全沦为半殖民地半封建社会；1911年孙中山领导的（黄花岗和武昌起义）辛亥革命爆发。

隔百法。如1392年，朝鲜李朝开始，1492年哥伦布初次航行到美洲，1592年朝鲜军民抗击日本侵略者，进行卫国战争。再如1792年法兰西第一共和国成立，1892年普法签订军事协定。这类数字的特点是都是1—92；首位和尾2位数字相同，中间的数字依次递增。

第十类，计算式，即运用加减乘除乘方开方等运算方式来记忆历史年代。常见的有平方法，倍数法等。

平方法，利用数字的平方来记忆历史年代。如公元前525年波斯征服埃及，636年阿拉伯与拜占庭会战，都是第1位数字的平方等于后2位数。

倍数法，利用两个数字的倍数关系来帮助记忆历史年代。如孝文33，死于499年，是指魏孝文帝活了33岁，死于公元499

年，99 年是 33 的 3 倍，很好记忆。

## 第三节　公式与科学数据记忆

在学习各科知识的过程中，往往会涉及一些公式和科学数据，这些公式和数据里往往包含着一些数字，对这些数字进行熟记是非常有必要的。而有些同学却总是对这些内容记不住，从而影响了学习成绩。下面我们就举一些例子说明一下记忆公式里的数字的方法：

1. 1 马力 = 735 瓦。和记历史年代一样，首先，我们把数字两位两位地断开，然后进行联想。可以这样记：1 匹马（马力）等别人拿镰刀（07）来割草吃，等了一上午（35）。

2. 1 米 = 3.281 英尺。首先，我们把 3.281 划分成 "03、28、10" 三个部分，然后进行联想：一颗米被一只弹簧（03）弹到了恶霸（28）那里却变成了鸡蛋（10）。

3. 1 加仑 = 4.546 升。首先，我们把 4.546 划分成 "04、54、60" 三部分，然后进行联想：红旗（04）被武士（54）插到了绿林（60）深（升）处，大家便成了一家人（1 加仑）。

4. 1 卡 = 4.2 焦耳。首先，我们把 4.2 划分成 "04、20" 两部分，然后进行联想：卡车上一插上红旗（04），按铃（20）就响了，大家不再交（焦）头接耳。

5. 重力加速度 g = 9.81 米/秒。首先，我们把 9.81 划分成

"09、81"两部分，然后进行联想：我加重力气，快速用球拍（09）一拍，就拍死了许多白蚁（81）。

科学数据的记忆和公式里数字的记忆方法也是类似的，也都是对数字进行分组和编码，从而实现牢固的记忆。需要特别指出的是，我们所做的编码不是一成不变的，在应用过程中，大家可以根据自己的实际情况进行变通。

下面我们就举一些科学数据的例子来练习一下记忆的方法。

1. 地球赤道半径 6378 千米。我们把 6378 划分成"63、78"两部分，其编码为"庐山、骑马"。可以这样联想：在庐山（63）骑马（78）就可以丈量赤道的半径。

2. 中国国土面积：960 万平方千米。我们把 960 划分成"09、60"两部分，其编码为"球拍、流连"。我们可以这样联想：中国国土上有许多球拍（09）可供人们健身，人们常常流连（60）忘返。

3. 地球的总面积为 510083042 平方千米。我们把 510083042 划分成"05、10、08、30、42"五部分，其编码为"秤钩、鸡蛋、麻花、山岭、事儿"。我们可以这样联想：用秤钩（05）将鸡蛋（10）和麻花（08）挂在山岭（30）上，这事儿（42）还得看看地球的总面积再说。

4. 黄河的长度 5464 千米。我们把 5464 划分成"54、64"两部分，其编码为"武士、螺丝"。我们可以这样联想：一个武士（54）拿着螺丝（64）在丈量黄河的长度。

5. 长江的长度6300千米。我们把6300划分成"63、00"两部分，其编码为"路上、练练"。我们可以这样联想：我在路上（63）练练（00）拳，就可以知道长江有多长。

## 第四节　数字串记忆

在学习和生活中，我们与数字打交道的时候非常多。对于常用的数字串，我们应该把它们牢牢地记在脑子里，这对提高工作和学习的效率很有帮助，还能增加生活的乐趣。但是，由于数字本身具有的许多特点，记数字串并不是一件十分轻松的事情。

所以，在记忆数字串的时候，最好能赋予每一个数字串以鲜明的个性，以帮助记忆。有的数字串中包含的数字很长，记忆难度很大。最典型的莫过于圆周率。对于这样的数字串，最好的记忆方法就是对其进行充分的联想和想象，人为赋予数字与数字之间的联系，以帮助记忆。前人在工作和学习实践中总结了很多种记忆数字串的方法。

谐音法就是记忆数字的一种常用方法。利用数字的谐音，赋予数字串以声音形象。这种方法在我国应用非常广泛，很多人都在自觉或不自觉地运用。

例如，人们经常用的数字谐音有：

0　零、令、岭、灵、陵、洞、幢、桶、动……

1　一、艺、益、移、鸭、腰、哟、要……

2 二、儿、而、尔、两、量、粮、鹅、唉……

3 三、散、伞、山、闪……

4 四、是、死、狮、寺、丝……

5 五、雾、勿、无、壶、狐……

6 六、楼、路、留、刘、柳……

7 七、妻、凄、泣、气、吃、出、拐……

8 八、法、把、发、爬、怕、芭、吧、爸……

9 九、酒、舅、狗、沟、够、久、揪、就……

应用谐音记忆 1898 年 6 月 11 日至 9 月 21 日，历时 103 天的戊戌变法，可记作"戊戌变法，要扒酒巴；路遥遥，酒两舀"。"要扒酒巴"，即 1989 年；"路遥遥"，即 6 月 11 日；"酒两舀"，即 9 月 21 日。

如果在声母和韵母的基础上进行外延，还能扩大谐音的范围。比如把"1"谐音为"业、有、延、因、英"等，把"0"谐音为"林、淋、临"等，这样一来，"04"就可以被谐音为"临时"，数字串"1732050"可以谐音成"一起商量懂不懂"，无意义的数字一下子变得有意义了。外延时一个重要的原则就是不混淆，否则可能因为彼此混淆而影响记忆。

通过赋予数字一定的意义，也能帮助记忆。如淝水之战发生于公元 383 年，通过淝可联想到肥胖，由肥胖想到胖娃娃，而 8 字的两个圆正好是胖娃娃的头和身体，两个 3 则是两个耳朵。这样一想就记牢了。

假借数字为其他对象，也是一种记忆数字的方法。如日本富士山高 12365 英尺，可以假借一年有 12 个月 365 天来记忆。

对数字进行分析，找出有规律的记忆方法。如 66574839 这一串数字，表面上看起来没有什么，细细找一下，其实有两个规律：一是 66、57、48、39 这四组数字的和都是 12，二是这四组数依序排列，且按照 6、5、4、3 降序排列。

对于较为繁杂、枯燥的识记对象，可以用运算的方法加以记忆。如万有引力常数 1/15000000，后面究竟几个零，常常容易错，可是，用加法运算 $1 + 5 = 6$，正好是 6 个零。又如塔里木河长 2137 千米，用乘法运算，$21 = 3 \times 7$，也就记住了。

要特别指出的是，在运用各种记忆方法记忆数字串的时候，要遵循一个原则，即不能画蛇添足，不要因为在方法上下足了功夫而影响正常记忆。

数字串记忆的一个重要应用领域就是电话号码的记忆。其实记忆电话号码并不是一件特别困难的事情。电话号码是数字串的一种，各种记忆数字串的方法都可以被用来记忆电话号码。

我国的电话号码一般分为固定电话和移动电话两种。记忆固定电话时要注意分清区号，如北京的区号为 010、上海的区号为 021、深圳的区号为 0755 等，记住区号对于简化记忆固定电话号码有很大的帮助，如果您平常留心记忆住了各地的区号，只要联想起这个电话号码所在的地区，就能很快的反应出电话号码了。如果平常没有这个习惯，那么在记忆时很可能就会因为多了几位而使要记忆的信息变得冗长。通常我们觉得自己所在地区的电话号码比较容易记忆，其中一个原因就是省略了区号。移动电话号码一般是由 11 位数字组成。但是，并不是说我们一定要费心地去记忆每一位数字。移动电话的前 3 位数字都是比较有规律的，如果我们能"省略"掉前面的 3 位数字，就为我们减少了一些记忆压力。

记忆电话号码可以利用谐音的方法，如将电话号码 84878323 谐音为"怕死怕妻逼上梁山"，将 8737219 谐音为"不管三七二十一，走（为上计）"。

记忆电话号码要注意寻找规律，如记忆学校里的宿舍的号码，有的时候并不清楚所要找的人的电话，但是又恰巧知道他在那个宿舍，只要找到他相邻的宿舍的电话号码，就能很快地找到这个人所在宿舍的号码。

另外，在记忆电话号码的时候如果能与这个人的特征相结合，记忆的效果将非常牢靠。如某人非常爱干净，家里总是收拾得整整齐齐，其电话号码后几位数字为 841827，可以将其转化为"不是一般整齐"，即非常整齐，一想到这个人爱干净就能很快地反应出来他的电话号码。

数字串的记忆，最典型的例子就是对于圆周率的记忆。圆周率 $\pi$ 等于多少？没有专门下工夫记忆圆周率的人，一般都会回答是 3.14 或者 3.1416，有一部分人能回答出是 3.1415926，能回答出更多的人就不多了。也许大家并不十分了解，很多人对于圆周率的记忆具有浓厚的兴趣：

1977 年，一位英国人创造出了背出圆周率小数点后面 5050 位的世界纪录。

1978 年，加拿大一名 17 岁的中学生创造出了新的世界纪录：他背出了圆周率小数点后面 8750 位。

20 世纪 70 年代，日本人友寄花哲用了 3 个多小时，背出了圆周率小数点后 15000 位，再次刷新了世界纪录。

1981 年 7 月 5 日，一位 23 岁的印度青年拉真·马哈代万在 3 小时 49 分钟（包括 29 分钟的休息时间）内，背出了圆周率小数点后 31811 位，这一新的世界纪录被载入英国《吉尼斯世界之最大全》。

1987 年，另一位日本人友良获秋用了 17 小时 21 分钟（其中包括休息时间 4 小时 15 分钟）背出了圆周率小数点之后 4 万位，再次刷新了世界纪录。

1999 年 4 月 14 日，马来西亚一名叫做沈宝翰的大学生在 15 个小时内正确无误地背写出了圆周率小数点后 67053 位。

……

很多人都怀疑记忆圆周率有用吗？不就是一大堆数也数不完的数字吗？背记圆周率真的那么有趣吗？其实，记忆圆周率是一项很有意义的活动。刀不磨会生锈，脑子不用不灵。记忆圆周率就像是让脑子"做体操"，能起到相当好的锻炼作用，不断地背记圆周率，并不只是简单的机械记忆，而是需要开动脑子找窍

92

门，非常有利于脑力的发展和保持活力。

背记圆周率能帮助人们学会和创造出记忆数字串的方法。要记住成千上万位无理数，完全靠机械记忆几乎是不可能完成的，所以人们在记忆的过程中，总会用到别人总结出的或者自己摸索出的记忆窍门来帮助记忆。久而久之，思维能力不断得到发展，即使记忆的数字忘记了，学会的方法和锻炼出来的能力却历久弥新。

记忆圆周率小数点后一百位一般主要采用谐音和想象的方法。钟道隆教授在其著作《记忆的窍门》中，将这一百位编成了顺口溜，想象一个酒鬼在山寺中狂饮，醉"死"在山沟，他父亲得知后的感想和到山沟里三番五次寻找儿子，最后将儿子救活的情景：

3. 14159265358979323846264338 3

山巅一寺一壶酒。儿乐："我三壶不够吃"。"酒杀尔"，杀不死，乐而乐，死了算罢了。

279

儿弃沟。

502884197169399

吾疼儿："白白死已够凄矣，留给山沟沟。"

375105820974944

山拐我腰痛，我怕你冻久，凄事久思思。

59230781640628620899

吾救儿，山洞拐，不宜留。四邻乐，儿不乐，儿疼爸久久。

86280348253421170679

爸乐儿不懂，"三思吧！"儿悟，三思而依依，妻等乐其久。

这段顺口溜中，有人物和情节，简单好记，用不了多长时间就能记住这一百位数字。

这种顺口溜的人物和情节虽然比较荒谬，但是只要能充分引发背记者的联想思维，不管情节是什么，不管现实生活中是否可能存在这样的事实，只要能够帮助记忆，还是可以吸取的。

## 第五节　扑克牌记忆训练

数字记忆的能力是可以通过训练而不断得到培养和提升的，扑克牌记忆训练就是针对联想能力和编码能力进行专门训练的有效方法。通过扑克牌记忆训练，我们的联想能力可以得到大幅度的提高，我们的想象速度被极大程度地调动起来，这对于我们进一步开发大脑潜能、全方位地提高我们的学习能力、创造能力等，都有着非常重要的意义。

下面我们就介绍记忆一副扑克牌的训练方法，这个训练需要先对扑克牌进行编码，然后经过 6 个步骤（每个步骤 5 天）的训练，可以达到短时间内记住一副扑克牌的效果。

先对 52 张牌（去掉大、小王）进行编码，每张扑克牌首先要转化为相应的数字，然后才能够像记数字那样通过数字编码来

快速记忆它们。

　　扑克牌分为数字牌和人物牌，数字牌是指 1 ~ 10，人物牌是指 J、Q、K。扑克牌转化为数字的规则为：黑桃代表十位数的 1（黑桃的下半部分像 1），红桃代表十位数的 2（红桃的上半部分是两个半圆的弧形），草花代表十位数的 3（草花由三个半圆组成），方片代表十位数的 4（方片有 4 个尖角）。例如黑桃 1 代表 11，黑桃 2 代表 12；红桃 1 代表 21，红桃 2 代表 22，草花 3 代表 33，方片 4 代表 44，依此类推。对于数字为 10 的牌，可当作 0，即黑桃 10 代表 10，红桃 10 代表 20，草花 10 代表 30，方片 10 代表 40。对于人物牌，可相应加上 40：如黑桃 J，按黑桃数字牌的点数类推应该是 21，加 40 后就变成 61；红桃 Q，按红桃数字牌的点数类推应该是 32，加 40 后就变成 72；草花 K，按草花数字牌的点数类推应该是 43，加 40 后就变成 83；方片 K，按草花数字牌的点数类推应该是 53，加 40 后就变成 93。

　　52 张牌的对应编码如下：

**黑桃：**

黑桃 1—11—筷子；　　　　　　黑桃 2—12—婴儿；

黑桃 3—13—医生；　　　　　　黑桃 4—14—钥匙；

黑桃 5—15—鹦鹉；　　　　　　黑桃 6—16—杨柳；

黑桃 7—17—荔枝；　　　　　　黑桃 8—18—篱笆；

黑桃 9—19—泥鳅；　　　　　　黑桃 10—10—棒球；

黑桃 J—61—轮椅；　　　　　　黑桃 Q—62—驴儿；

黑桃 K—63—留声机；

红桃：

红桃 1—21—鳄鱼；

红桃 2—22—鸳鸯；

红桃 3—23—和尚；

红桃 4—24—盒子；

红桃 5—25—二胡；

红桃 6—26—河流；

红桃 7—27—耳机；

红桃 8—28—荷花；

红桃 9—29—阿胶；

红桃 10—20—耳环；

红桃 J—71—蜥蜴；

红桃 Q—72—企鹅；

红桃 K—73—鸡蛋；

草花：

草花 1—31—鲨鱼；

草花 2—32—仙鹤；

草花 3—33—仙丹；

草花 4—34—绅士；

草花 5—35—珊瑚；

草花 6—36—香炉；

草花 7—37—相机；

草花 8—38—沙发；

草花 9—39—香蕉；

草花 10—30—森林；

草花 J—81—蚂蚁；

草花 Q—82—白鸽；

草花 K—83—花生；

方片：

方片 1—41—雪梨；

方片 2—42—死鹅；

方片 3—43—雪山；

方片 4—44—狮子；

方片 5—45—水母；

方片 6—46—石榴；

方片 7—47—司机；

方片 8—48—雪花；

方片 9—49—雪球；　　　　　方片 10—40—司令；

方片 J—91—球衣；　　　　　方片 Q—92—球儿；

方片 K—93—救生圈；

13 个数字桩：

我们选用的数字桩是 1 ~ 9、00、01、02、03 共 13 个数字桩。分别为：

1—鱼；　　　　　　　　　　2—鹅；

3—伞；　　　　　　　　　　4—蛇；

5—虎；　　　　　　　　　　6—牛；

7—鸡；　　　　　　　　　　8—马；

9—酒；　　　　　　　　　　00—望远镜；

01—树；　　　　　　　　　　02—鸭子；

03—耳朵；

记忆方法：

首先熟悉每张牌所代表的相应图像，记忆的时候，在 13 个数字桩上按顺序每个数字上放 4 张牌，把这 4 张牌代表的图像与相应数字代表的图像进行紧密的联结，13 个数字桩上刚好放下 52 张牌。回忆的时候，把这 13 个数字桩在大脑中过一遍，就能快速地回想起相应的 52 张牌。

记忆训练第一步：熟悉数字编码和 52 张牌

1. 完全熟悉 110 个数字编码，60 秒之内能够按顺序背诵出来。

2. 完全熟悉 52 张牌，找出每张牌的图像记忆点。

训练关键：

1. 首先要熟悉 110 个数字编码，虽然记扑克牌的时候只需要用到其中的 65 个，但最好能够把 110 个编码都熟悉。训练的时候，按一定的顺序把 110 个数字的编码背诵出来。背的时候最好要发出声音，就像背书那样；不方便的时候则可以在心中默念。背诵效果的要求是能够清楚、流畅地背诵，要求做到 60 秒内能够很顺畅地把 110 个密码从头到尾全部背诵出来（极限速度是 40 秒左右）。刚开始随时随地可以背诵，然后则需要对着钟或表来检查自己的背诵速度。

2. 对于数字密码如果从数字联想起相应的图像不太容易，可做这样的联想练习：首先完全熟悉 1 ~ 9 这 9 个数字编码，然后把相应数字拆开来进行联想。如 31（鲨鱼），可拆为 3（耳朵）和 1（树），可联想为树顶上有一只耳朵，一条鲨鱼要爬上树去吃这个耳朵。这样，当一时想不起 31 所代表的编码时，就可通过"树上有只耳朵"这个图像而把"鲨鱼"联想出来。其他不熟悉的编码都可按此方法来进行联结。

3. 通过看每张牌左上角的图标，熟悉每张数字牌所对应的数字，然后通过数字转换，熟悉每张数字牌所对应的密码。

4. 仔细观察 52 张牌，比较它们的相似之处与不同之处，找出 52 张牌的图像记忆点，无论数字牌还是人物牌都要从牌面的整体图像中找出独特的记忆特征，然后用这个特征与相应的编码进行联结，达到一看这张牌就能在脑海中条件反射出相应图像的目的。

5. 对数字牌找记忆点的时候，可以把相同数字的 4 种花色牌放在一起，比较它们的异同，找出各不相同的记忆点，然后再通过与邻近数字牌的比较，区别并确认每张牌的记忆点，这样才能达到一看牌面特征就能认出相应编码的效果。通过把这些记忆点与相应编码进行联结来记忆，可以使我们对每张牌更熟悉，能更快地联想起相应的编码。

6. 对整副牌的熟悉，还要求对 52 张数字牌能够在脑海中默想出每张牌的图案，以及默想出它们的记忆点。这样，就可以在默读 52 个编码的时候能够同时在脑海中浮现相应的牌面，以及相应的记忆点

记忆训练第二步：读牌训练

1. 30 秒内背诵 52 张牌对应的编码。

2. 60 秒之内读完整副牌。

训练关键：

1. 经过第一步的训练之后，60 秒内能够背诵 110 个编码，第二步就要在 60 秒内读完 52 张牌。这一步只要求能够快速辨别每张牌对应的编码，而不要求脑海中浮现清晰的图像。

2. 首先要做的就是在 30 秒内背出 52 张牌所对应的编码。

3. 翻牌的方式为左手握牌，用左手大拇指把每一张读完的牌推给右手。读牌的时候要显示出整张牌，以能够快速看到每张牌

的记忆点，刚开始可能需要看到整张牌，甚至需要看左上角的图标才能辨认，但熟练之后要求只扫一眼记忆点就能辨认出来。显示整张牌的速度虽然比只显示左上角的速度要慢一些，但这个速度对于记忆来说已经足够快了。如果进行记忆，匀速翻一副牌大约只需要 20 秒。

4. 读牌的时候，要尽量读出声音，要求快速、流畅。刚开始的时候可以把 52 张牌分为 2～4 组进行读牌练习，在读牌的过程中找出那些辨认速度较慢的牌，把它们抽出来单独练习，直到完全熟悉为止。读牌不太熟练的时候，可以不洗牌，按相同顺序或按数字顺序反复地读牌。

记忆训练第三步：想象训练

1. 无需翻牌，60 秒内在脑海中按顺序清晰地过完 52 张牌的图像。

2. 翻牌训练，脑海中要清晰地浮现出相应的图像，要求 100 秒内翻完 52 张牌。

3. 把任意 4 张牌与每一个数字桩进行联结想象，找出每个数字桩的想象模式。

训练关键：

1. 想象训练只要一有空就可以闭上眼睛做，每天再用一段集中的时间来练习。

2. 进行想象训练的时候，要放松身体、闭上眼睛，在脑海中想象每一张牌的记忆点，尽量要在脑海中"看见"清晰的图案，包括相应的颜色。

3. 图像想象要尽量清晰，联结动作要尽量生动。对每一个数字桩最好能够找出最容易记忆的动作，思考4张牌应该如何摆、如何与这个数字桩联结才是最好的方式。

4. 对于不清晰的密码图像，要尽可能找出相应的图画，仔细观察后记住。

5. 对想象训练的主要要求是：在100秒内翻52张牌时能清晰地想象出每张牌所对应的图像。如果能够达到这个要求，就基本上可以在5分钟内记住一副扑克牌。

6. 记忆速度取决于三个因素：对每张牌能快速清晰地想象出相应的图像；对数字桩特征的快速清晰想象；每4张牌与一个数字桩联结时的鲜明快速。这三个因素任何一个因素的加强，都可以使记牌速度加快；相反，任何一个因素不达标，都会使我们无法在3分钟内完成一副牌的记忆。这三个因素中，训练时间最长的是第一个因素，会占用60%以上的时间。

记忆训练第四步：整副扑克记忆训练

1. 8分钟内完成整副牌的记忆。

2. 5分钟内完成整副牌的记忆。

训练关键：

1. 经过前两步共15天的练习，记忆扑克牌就已经具备了非常好的基础，这时候来记忆整副扑克牌，速度会非常快。从时间上来估算，经过前面两步的练习，读牌时间加上过数字桩的时间

加起来不足 2 分钟，只要能把数字桩与牌进行联结的时间控制在 3 分钟内，就可达做到 5 分钟内记住一副扑克牌。事实上，这是一件很容易的事情。

2. 如果前两步的训练效果好的话，事实上在第四步一开始就能达到 5 分钟内记住一副扑克牌的效果。如果在第二天仍然不能在 5 分钟内记住一副扑克的话，就必须找出自己的薄弱环节，进行针对性的强化训练，力争能够在最后一天的训练中达到要求。

3. 在每个数字桩上放置 4 张牌的时候，这 4 张牌的先后顺序一定要鲜明，如果是动作就要安排好先后顺序，如果是画面就要分出上下部分。当然，按想象中的每张牌的先后出场顺序来记忆也是可以的。

记忆训练第五步：连续联结训练

1. 把 52 张牌分为 4 张一组共 13 组，运用想象把每组的 4 张牌联结起来。

2. 把 52 张牌分为 6 组，每组 9 张左右，运用想象把每组的 9 张牌进行联结。

3. 把 52 张牌分为 13 张一组共 4 组，运用想象把每组的 13 张牌联结起来。

训练关键：

1. 这是对串联联想能力的训练，主要针对的是牌与牌之间进行紧密联结的能力。

2. 每进行一组联结训练后，都要检测一下联结的效果，看能否把所联结的这组牌都记得起来。

3. 如果连续联结 13 张牌都能够回忆起来的话，说明这种联结想象进行得非常有效。当然，速度不能拖得太慢，最好能够在 3 分钟内完成所有牌的联结。

记忆训练第六步：快速联结训练

1. 快速地翻牌，每 4 张牌进行联结想象，在 2 分钟内完成整副牌的想象。

2. 运用 13 个数字桩来记忆一副牌，3 分钟内牢牢记住一副牌，倒背如流。

训练关键：

1. 通过第五步的联结训练，我们的联结能力已经有所提高，这时再来训练联结的速度，就会发现速度的提高会比较快；

2. 第六步前 3 天的训练，就是训练把每 2 张牌联结在一起的速度，这个速度越快，那么记忆整副牌的速度就会越快。

3. 事实上，如果在前面训练比较认真的话，那么，在最后 2 天的整副牌记忆训练中，许多人都应该能够在 2 分钟左右记住一副牌。

# 第四章　英语单词记忆法

　　记忆力是一切智力活动的基础，在英语学习中也不例外，单词记忆便是英语学习的核心和基础。能否巧妙地记忆英语词汇成为一个人能否快捷突破英语的关键。然而，很多学习者在掌握一定数量词汇后，还是不能摆脱"死记硬背"的记忆模式，结果浪费时间，耗费精力，效果也不甚良好。本章所要讨论便是如何摆脱死记硬背的"机械记忆"，利用记忆的规律与合理的方法，帮助同学们有效记忆单词，以求事半功倍。

## 第一节　感观法记单词

　　感观记忆法是把耳、口、眼、手调动起来，把听、说、读、写统一起来，达到记忆目的的方法，这样做的好处是沟通大脑皮层各部分之间的联系，减少遗忘。我们可以进行专一的记忆，也可以注意我们身边的英语，如电器设备上的英语，产品说明书上的英语，各种警示语、标语等，还可以聆听外文歌曲，欣赏国外影视等，如此耳濡目染，日积月累，反复回想，自然牢记。例如，许多品牌电池的外包装上有（battery 电池）字样，许多洗发精瓶外有 shampoo（洗发水）字样，自动取款机上的 ATM（Automated Teller Machine 自动取款机）字样，某些药品包装盒上的 OTC（Over the Counter 非处方药）字样等。

"听、说、读、写"四种能力之间既有联系，又有区别。下面以句子 The environment is everything that surrounds us: plants, animals, buildings, country, air, water-literally everything that can affect us in any way 为例分析一下"听、说、读、写"能力对于记忆的不同要求。

"听"的对象是无形的声音，而且一般都转瞬即逝，不可能重复听。所以它对所记忆内容的熟练程度要求很高，只要熟到了"化"的地步才能"一听就懂"。"说"又比"听"难。实践表明，会听不一定会说。例如有的人语音不好，不能正确地朗读出这一句话中的某些词，但是听到这些词时还是可以做出正确判断。只有熟记熟背后才能在需要说的时候脱口而出。

"读"到这句话时，由于所有的词拼写都是对的，而且按照语法关系也已经正确无误地排列在那里，只要能识别，就算记得。此外，研究记忆机理的科学家认为，人对于肌肉运动形成的"运动记忆"特别深刻，可以维持很长的时间，甚至终身不忘。比方说，我们年幼时学会了骑自行车和游泳，即使中间隔了多年，也不会忘记。而当我们"读"英语时，口腔和喉头的肌肉都在脑子的统一指挥下运动，口腔肌肉在很短暂的时间内要做一连串的运动：舌头的升降进退、嘴唇的张开闭合、口腔及喉头肌肉

的各种震颤等，构成了千万种不同的组合。这一过程，使口腔肌肉运动起来，参与整个的记忆过程，形成"运动记忆"。不同的单词发音对应于不同的组合，经过多次的重复，对应于这个发音的运动组合就会形成牢固的"运动记忆"。

"写"要求能正确无误地写出每个单词的拼写，能按正确的语法把各个单词排列成句子。很显然，只有记在脑子里的单词拼写和语法知识都是准确无误的，才能写出这个句子。所以"写"对于记忆内容熟练程度的要求比"读"要高得多，会"读"不一定会"写"。例如即使自己把"environment"一词记成为"enviroment"，中间少了一个"n"，也不妨碍读懂这句话。但是如果写出来就是错字了。

由此可见"听、说、读、写"四种能力对于单词记忆熟练程度的要求是不同的，对于中国学生来讲，"读"比"写"要求低，"听"比"说"要求低。

有的学者在讨论英语学习中的记忆问题时，往往因为默认读者都处于"哑巴英语"状态，而只讨论"读"，讨论如何记单词拼写，如何扩大词汇量，很少涉及"听"和"说"。其实，英语是拼音文字，从语音入手，从"听"、"说"入手去记忆单词和语法结构，多种器官并举，不但可以增强记忆效果，而且可以有效地摆脱"哑巴英语"的状态。

语音在英语单词记忆中的重要作用表现在两个方面，一是使单词的拼读融为一体，二是充分发挥读音在记忆中的作用。英语作为拼音文字，词的音和形是紧密联系在一起的。英语发音虽然不是完全有规律，不能像有的语种那样做到"见到就会念，会念就会写"。但它毕竟不是音形脱节的象形文字，它的发音基本上还是有规律的。通过正确的读音去记英语单词，把英语单词的拼读融为一体，基本上也可以做到"会念就会写"。

由于听觉记忆有视觉记忆所没有的独特效果，朗读又可以形成"运动记忆"，因此出声朗读有助于记忆，高声而清楚的朗读效果更好。有节奏的朗读还能唤起回忆。经常有这样的情况，某些词语默写不出来，但是一边念一边写就能很顺利地把它带出来。有的人不太重视语音和朗读，记忆生词时音形脱节，一个字母一个字母地去记英语单词。例如有的人记"hotel"一词时，嘴里不断地重复"h，o，t，e，l，旅馆"，就是读不出正确的［ho'tel］来。用这种方法去学习英语和记忆英语单词，也许能通过考试，但是很难真正掌握英语。

所以，第一次接触一个陌生单词的语音时，一开始就要掌握正确发音，以便在脑子里形成正确的语音形象。不要拖泥带水，不要发出多余的音，也不要丢掉某个音。只要第一次接触时记住的声音形象是正确的，发音再特殊的生词也能自然而然地记住。如果第一次接触到生词时建立起来的语音形象是错误的，不但不利于记忆，而且事后纠正起来非常困难。

很多人在英语学习的初期，没有掌握基本的语音知识，从而陷入极大的被动状态，想补语音知识又感到来不及。其实磨刀不误砍柴工，什么时候补学语音知识都来得及。只要结合当前所学的内容，坚持从语音入手，做到能正确地朗读全部课文，用不了多长时间就可以掌握基本的语音知识，取得英语学习中的主动权，否则永无翻身之日。

## 第二节　构词法记单词

英语构词法有十几种，但最常用的有以下 5 种，通过这 5 种常用构词法可大大减轻单词记忆的负担，因为通过分析规律即可掌握一个词，实际上记忆的成分很少，关键是要学会按照规律推导。关于构词法的常识不是本书的重点，这里不再细说。下文将主要介绍一下构词记忆法中的词根词缀记忆法，依此为例，帮助大家记忆单词。

5 种常用构词法：

1. 英文单词分词根、前缀、后缀三部分。

2. 派生法：work + er = worker；en + large = enlarge。

3. 合成法：如 space + ship = spaceship；data-processing。

4. 转换法：hand（n.）-hand（v.）；empty（a.）-empty（v.）。

5. 缩略法：根据单词的缩略形式来记忆，如 U. S. A 等。

词根词缀记忆法，顾名思义，即通过记住词根、词缀并据此推测含此类词根词缀的新词的意思，以强化记忆。大约一半以上的英语单词是由词根与前缀或后缀构成的，所以分析单词结构，了解前后缀的含义以及词根，便有可能触类旁通，记住大量的英语单词。

词根有两种，一种是可以引申出许多同根词的词根，同时它也是一个独立的单词，例如 ease 作为独立单词，它又是 easy, easily, easiness 的词根。另一种是不能独立使用的词根，但它有一个基本意义，在不同的单词中意思大致相同。如单词 mirror（镜子）与 mirage（海市蜃楼），这里的"mir"这个词根相当于"marvelous""surprising"，是"奇异的，惊奇的"的意思。因此，mirror 一词即为"令人惊奇之物"（最初人们对镜子能映出自己的身影感到惊奇，mir 惊奇，– or 表示物），mirage 令人惊奇的景色（mir 惊奇，– age 名词词尾）。类似的单词，通过"词根"这一媒介使彼此间有了一定关系因而便于学习者记忆。

词缀则包括前缀和后缀，词缀记忆法主要用于记忆派生词，即"在某一词根前面或后面加上某个词缀来产生的新词。"例如 postscript 这个词，"post –"为前缀，"……之后"之意，而"script"是"文字材料"之意。文字材料之后，不就是"补充文字（附件）"吗？又如，"booklet"这个词，"– let"是后缀，为"小"的意思，很显然，"booklet"就是"小册子"的意思。

利用构词法记忆英语单词时，要注意以下两点：一是结合学习进程记忆这些前缀、后缀和词根；二是注意例外情况。例如一般情况下在形容词上加"– ly"后缀后成为副词，即意义不变，由"……的"变成"……地"，如形容词 slow 的意思为"慢的"，

slowly 则为副词"慢慢地"。但是形容词 hard 的意思为"硬的，艰难的"，而 hardly 虽然是副词，其意义却为"几乎不"。又如名词 traitor 的意思为"叛徒"，但 trait 也是名词，意为"品质、特性、性格"，两者没有联系。

有关英语单词构词法以及词根词缀的书籍很多，限于篇幅，这里只通过例子简单介绍从词根、词缀入手迅速记忆大量单词的几种情形。读者朋友可以依此类推，举一反三，扩大词汇量。

例如，虽然我们已经记住了 accept、except、intercept，却不一定注意到它们有相同的词根 cept。查阅有关词根方面的书，即可知词根 cept – take（拿、取），以上三词的构词方式如下：

accept（接受、领受、承认）：ac – 加强意义，cept – 拿，接；

except（除……一之外，把……除外）：ex – 外，出，cept – 拿；

intercept（从中截取、截住、拦截、截击）：inter – 中间，从中，cept – 拿，取。

例如，通过词根 ag – do, act 可以掌握以下单词：

agent（代理人，做事者，办事）：ag – 做，– ent 名词后缀，表示人；

agential（代理人的）：ag – 做，– ial，形容词后缀，……的；

subagent（副代理人）：sub – 副的，agent 代理人；

cogent（共事者，合作者，共同做事的人）：co – 共同，ag – 做，作，– ent 表示人；

agency（代理，代理处，机构，作用）：ag – 做，– ency 名词后缀；

cogency（共事，协作，合作）：co – 共同，ag – 做，作，– ency 名词后缀；

agenda（议事日程，待做的事项）：ag – 做，– end 名词后缀，– a 表示复数；

agile（灵活的，敏捷的）：ag – 动，活动，灵活，– ile 形容词后缀；

agility（灵活，敏捷）：同上，– lity 名词后缀，表示抽象名词；

agitate（鼓动，煽动，搅动，使不安定）：ag – 动，– ate 动词后缀，使……；

agitation（鼓动，煽动）：同上，– ion 名词后缀；

agitator（鼓动者，煽动者）：同上，or 表示人；

agitatress（女鼓动家）：同上，ress 表示女性；

agitated（不安的）：同上，– ed 形容词后缀，……的；

agitating（使人不安的，进行鼓动的）：同上，ing 形容词后缀，使……的；

counteragent（反作用剂，反抗力）：counter – 反，ag – 做，作用 – ent 表示物。

很显然，阅读此类内容是很有利于扩大词汇量的。但是，并不是所有相同的字母组合一定就是相同的词根。例如 age 和 ago

等并不是从词根 ag - do，act 转化来的，所以学习过程中已经记住了某个词，就不一定为了找出该词的词根而费很多功夫。

至于常见的词根、词缀，这里不再赘述，教师在教学过程中应给予补充。而当你词汇量积累到一定程度以后，可以系统地阅读一本分析词根的书，逐个阅读，不追求进度，以扩大词汇量为目的，并把已经记住的单词系统化。

实践证明，通过词根、词缀记忆法记忆单词，分析得出单词由来，不失为一种极有效的单词记忆方法，它的好处大家都清楚，就不必说了。然而，它并非放之四海皆准，仍有以下一些不足。

有些单词虽然包含某个词根，然而很难看出该单词的词义和词根的意义之间有什么联系。比如以下摘自某词根学习手册的几个单词：

refuse：re - 回，fus 流，流回；倒灌，倒流；退回；不接纳；拒绝

contend：con - 共同，一起，tend 伸；伸取；追求；"与……共同追求"；竞争，斗争

minister：mini 小，- ster 表示人；小人；地位低的人；仆人；臣仆；大臣，部长

在这里，词义和词根之间的联系是如此牵强和迂回，以至于已经成为联想式的记忆法了。每一本词根书籍中都有不少这样的单词，很难由词根推想出其意思。正如前面所说，联想一多就不

管用了。

还有很多两三个字母的短词根没有什么代表性。例如词根
"di = day 日"，然而以"di"开头的单词，或包含"di"的单词
实在太多了，常用的也有几百个，大部分词义和"日"扯不上半
点关系，碰到这样的生词，记住"di"代表"日"又有什么意
义？同样的词根还有"it = go 走"，"sen = old 老"，"pen = punish
罚"等等，不一而足。

此外，当下流行的词根记忆书籍，大多都有一个通病：为了
凑足词根的数量和单词的数量，收入了不少非常生僻的单词，比
如专业词汇。大多数学英语的中国人一辈子也碰不着这些单词，
试图掌握它们就是浪费时间。如：

ot（o） = ear 耳，otology 耳科学，otopathy 耳病，otalgia 耳
痛，parotitis 腮腺炎；

ped = child 儿童，pedantocracy 书生政治，pedobaptism 幼儿
洗礼；

phil（o） = loving 爱，philogynist 喜爱妇女的人，Anglophile
亲英派的人；

综上所述，构词记忆法与词根词缀记忆法虽好，但不能只靠
它们来记单词，还应该和其他记忆方法配合使用。

## 第三节　辨析法记单词

在记忆英语单词时，常常发生不同词之间在形、音、义三个

方面互相混淆的问题。之所以会混淆，一定存在某种容易使人迷惑的因素，利用这些因素，有意识地在形、音、义三方面进行比较辨异，在比较中识别英语单词，非常有助于记忆。

本节通过列举部分形、音、义辨异实例，来介绍这种辨析方法。不过每个人的具体情况不同，需要辨异的词也不同，只要自己在学习英语过程中曾经混淆过，就应该把它们记下来。由于辨异过程是针对自己错误的，因此比较有针对性。

字形辨异可以参考以下些实例。

adapt（使适应）和 adopt（采用、采纳）两个词，按字母的顺序，应该是 adapt 在 adopt 的前面。这样你就可以记成：先（使适应）了以后才（采用、采纳）。

ample（丰富的）与 apple（苹果）可以联系起来记成"丰富的苹果"。

bribe（贿赂）与 bride（新娘）可以记忆成"bribe bride（贿赂新娘）"；也可与 pride（自大的）联系起来记忆为 pride bride（自大的新娘）。

casket（棺材）与 case 联系记忆成"棺材像盒子"。gasket 与 gas 联系起来记忆成（密封圈是堵气的）。

clash（抵触、冲突）、crash（碰撞、倒下，坠毁）和 crush（压碎，粉碎）等三个词经常容易混淆，可以根据这三个词的先后顺序，用以下记忆链记住它们：（在飞机上发生）" clash（冲突）"后飞机"erash 坠毁"，在地上摔得"crush 粉碎"。

记忆的规律与记忆的方法

liter（升）、little（小的）、litter（乱丢）三个词可以用以下方法记忆：A liter of little stone littered on the ground.（一升小石头乱丢在地上。）

scar（伤疤）、scarce（不足的）、Scare（惊吓）等词可记忆成"（伤疤）（不足）以（惊吓）"。

sever（切断）、several（几个）、ever（严重的）等词可记忆为："切断几个严重的……"。

把 ballot（选票）分解为 ball 和 lot，记忆为"把'选票'揉成许多（lot）球（ball）"。

把 bullet（子弹）分解为 bull（公牛）和 et（外星人），记忆为"子弹击中'公牛'和'外星人'"。把 bulletin（公报）分解为 bullet（子弹）和 in（在……里面），记忆成"子弹（bullet）在（in）公报（ bulletin）里面"。

对于 state 一词的多种意义可以从以下一句话进行记忆：A state of war was stated by the state council.（国务院宣布了战争状态。）

为了记住和区分 empire（帝国）与 umpire（裁判）两个词，可以记忆为"empire（帝国）umpire（裁判）"。

veteran（有经验的、老战士）与 veterinarian（兽医）两个词可以记成"veteran veterinarian（有经验的兽医）"。

语音辨析可以参考以下实例。

例如，同音词 peak（山峰）、peek（偷看）、pique（愤怒）

统读〔pi：k〕；rain（雨）、rein（缰绳）、reign（统治）统读〔rein〕。同音异义词如 bear（熊）与 bear（忍受）拼写相同，发音相同，词义不同，又如 meat（肉）与 meet（相会）拼写不同，发音相同，词义不同。

拟声词如 bomb（炸弹，轰炸），crack（发出爆裂声），grumble（咕哝，抱怨），mutter（轻声低语，吞吞吐吐地说），roar（吼叫，咆哮），owl（猫头鹰）等。

音译词是根据译音转变而成的词，大多数是词汇发展演变和翻译过程中造的词，它有英文音译成中文，中文译成英文，读音偶合三种情况。例英文译成中文：humor（幽默）、coffee（咖啡）、tank（坦克）、sofa（沙发）。中文译成英文：fee（费）、kowtow（叩头，磕头）、litchi（荔枝）、typhoon（台风）。中英文读音偶合：scan（细看）、tow（拖）、loot（掳掠）、bandage（绷带）。

英语中有不少词重音不同意味着是不同的词类。例如 import 一词，重音在后面一个音节上为名词，在前面音节上则为动词。这种区别还比较好办。有的词读音不同就意味着不同的意思，记忆时必须特别注意。例如 lives 是名词 life 的复数，而 live 既是形容词（活的、有生命力的），又是动词（活、生存）；又如 corps（军团、军队）的 ps 不发音，如果发出来就是 corpse（尸体）。

把拼写辨异与音辨异综合记忆的效果很好。例如 desert 一词重音在前面时作"沙漠"解，重音在后面时作"丢弃，开小差"

解，记忆时需要进行发音辨异，记成"（在）沙漠开小差"。而 dessert（甜点心）一词的重音也在后面，发音也与 desert 完全一样，此时需要拼写辨异，可与 Sweet（甜的）一词联系起来，记住多一个 S。又如 hail（欢呼、冰雹）、hai（毛发）、heir（继承人）、hell（地狱、苦境）、hill（小山）等词，有的形似，有的音近，记忆时需要进行拼写或发音辨异。

有些发音相同的词的拼写和释义不同，要注意辨异。例如 barren（贫瘠）与 baron（巨富）的发音完全一样，可以记忆为"贫疮的巨富"。team（队、组）与 teem（充满、富于）发音完全相同，可以记忆成"This team teems with good players."（这个队里好运动员很多）。动词 pronounce 与名词 pronunciation 的拼写与发音都不一样，第一次接触时要注意辨异。此外，纠正错误语音时，应该一边大声地读正确的语音，一边在脑子里默念潜台词"这个词不读……"。

词义辨析，主要指同义词与反义词辨析。同义词指词义相同或相近的词，如 glad（高兴的）与 pleased（喜悦的）。反义词指词义相反或相对的词，如 raw（生的）与 ripe（熟的）等。

根据词形、读音、词义的关系而生成的词有多种类型，这里不再一一枚举。朋友们在学习过程多多观察、对比，培养兴趣，从读音、词形、词义入手，归纳、记忆词汇。

如果发现某个单词的形、音、义的某方面记忆有错以后，就要"罚"20遍。例如发现把 environment 错记成 enviroment 后，首先"罚"自己正确的拼写 20 遍，而且每写一遍都提醒自己一次："这里有一个矿"。这样做不但记忆效果很好，而且可以大大地提高对于差错拼写的敏感性。此外还应该把自己曾经混淆过的单词拼写单独整理，一有空就看看，以加深记忆。例如：不是 atornosphere 是 atmosphere，不是 automosphere 是 atmosphere。

## 第四节　联想法记单词

　　心理学家认为，最基本的记忆规律，就是对新的信息和已知的信息进行联想，也就是进行"联想记忆"。应用联想记忆法来记忆英语单词效果比较明显。方法是在记忆一个生词的拼写和释义，或一个词新的释义时与你已经熟悉的词语的拼写或释义联系起来，形成"记忆链"。因为这个"记忆链"中的有些内容是你所熟悉的，"捎带着"也就把新的生词或新的释义记住了，或需要时能回忆起来。

　　也许有人会认为"联想记忆"时还要记一些"额外信息"，不就增加了记忆的容量，"联系"有关的"额外信息"，不就更增加了记忆的困难吗？这种情况很像一个容量很大的仓库，如果存放在库里的各种物品杂乱无章，没有分类，虽然省了一些地方（其实仓库还有很多的空地方没有用呢），你要找某种东西时必须一个一个去翻，非常难找，而且还不一定能找到。相反，如果存放的东西是分类有序的，虽然多占了一些地方（空着未用的地方有的是，不存在因为这样做而引起仓库面积不够的问题），但需要时一找就能找到。事实上，人脑的情况与此现象非常相像，它有足够大的容量，在任何情况下都不存在记忆容量不够的问题。

应用联想记忆法来记忆英语单词时，联想的范围很广，可以是由部分联想到整体，以及其他事物，也可以是由某一特征联想到一类事物，还可以是读音、词形、词义方面的扩充联想等等。如记忆单词 mare（母马、母驴），从读音角度出发，我们可以联想到同音词 mayor（市长）；从词意角度出发，我们可以联想到 donkey（驴），mule（骡子）等词，从词形角度出发，我们可以联想到一连串词汇，如 bare（赤裸的）、care（关心）、dare（敢）、fare（费用）、hare（野兔）、flare（闪耀）、glare（强光）、pare（修剪）、rare（稀有的）、share（分享）、spare（空闲的）、prepare（准备）、tare（杂草）、ware（物品）等。又如 vocation（职业，使命）、evocation（召唤）、revocation（取消，废除），petal（花瓣）、petrel（海燕）、petrol（汽油）、patrol（巡逻），以及 stimulate（刺激）、simulate（模拟）、accumulate（积累）、emulate（竞争）等。联想记忆的原则是扩充词汇，是达到"一箭多雕"记忆效果的关键所在。

就字形字义方面的联想，还可参考这些例子。如 mild（温和的）与 wild（野的）两个词在意义上是相反的，而字母 w 和 m 也是相反的，这样一联系就容易记住了。evil（罪恶）是 live（生活）的倒写，可以记忆成："（生活）颠倒过来就是（罪

恶）"。gorilla（大猩猩）一词的发音与 guerrilla（游击队）完全一样，可记忆为："大猩猩游击队"。selfish（自私的，利己的）一词中有 fish，可以联想到"渔利"。从而引申出"自私的"。slay 意为"杀死"，可结合其发音记成用"死勒"的方法"杀死"。swallow 一词可作"吞下"与"燕子"解，可记成"吞下燕子"。一般人都记得 tower（塔）这个词，记忆与其发音相近的 towel（毛巾）时可以记成"毛巾（towel）挂在塔上（tower）"。noble（尊贵的）与 Nobel（诺贝尔）两个词可以联系起来记忆为"尊贵的诺贝尔"。甚至可以荒谬地把 menu（菜单）与 manure（粪便）联系起来，记忆成"一菜单粪便"。

世上没有过目不忘的单词速记法，像联想法这类号称"过目不忘"的"巧妙方法"，对于在几分钟内突击地暂时记住十几个单词确有奇效，也可以用来记忆少数老是记不住的单词，然而据调查，没有一个学生能用这类方法去记忆成千上万的单词。因为，这类方法对单词的回忆，是从"单词→联想→词义"，实际上它的记忆量比普通的将单词和词义直接对应的记忆法更大，多出了"联想"这冗余的部分。由于这部分"联想"的内容通常是荒诞不经的，很有新鲜感，所以能一下子就记住。但是，一个单词和由它引发的"联想"之间并没有必然联系，联想是很随意甚至很牵强的，今天看到一个单词时联想到这个，明天再看到同一个单词恐怕就联想起那个了。当成千上万的单词都有一个"联想"和它对应的时候，这些"联想"已经不再具有新鲜感，加上还没有必然性，所以问题就来了：看到某个单词时，你不记得你应该联想起什么了，自然也想不起词义了。因此，这类方法不适合记忆大量单词。

## 第五节　情境法记单词

记忆英语单词与情境有关。例如学一课之前，先学该课的英语单词，每个单词后面是音标、词类与释义，有顺序地排列着。"学会了"这些单词以后再学课文。在学课文的过程中，碰到已经"学会了"的单词，往往仍感到"陌生"，不知道是什么意思和怎样发音，只得再翻回去看看生词表上的有关注释。如此反复，才能记住和理解这些英语单词。

为什么会有这种现象呢？因为在记忆和理解英语时，你利用了生词表中的"情境因素"的"暗示"，诸如某一个单词在生词表中的顺序和印刷的样式（尤其是大小写）等都是有助于记忆的"情境因素"的"暗示"。学习课文时，这些"情境因素"的"暗示"没有了，你也就感到"陌生"了，不认得了。或者即使在这篇课文中已有记住的生词，放到另一篇新课文里，可能又会觉得陌生。这是因为课文的内容、题材和编排形式等"情境因素"改变了。而一个单词脱离了实际使用的语境，想记牢会用是难以做到的。将词汇置身于语境之中，通过反复阅读，提高认知能力，最后可以达到记忆的目的。

因此，要想熟练地掌握英语单词，还必须要在各种环境下记忆，注意单词在不同语境下的不同用法。不管主观上是否意识到这一点，我们每个人记忆英语单词时都要走这样一条曲折的路。记忆和理解英语单词的时候，我们要利用"环境因素"的"暗示"，随后又要在不断地学习和应用过程中逐步摆脱这些"环境因素"的"暗示"，达到抽象的记忆和理解必须要有长期艰苦努力的思想准备，千万不要因为在短期内记不住而灰心丧气。至于理解某一单词的广泛释义，更是需要通过反复推敲，举一反三，才能达到目的。

刚开始学习英语的时候，教科书上一般一个英语单词只列出某课课文中用得着的汉语释义，例如初中英语第一次碰到 get 这个词时只列出"获得、得到"等注释。这样的注释看多了，初学者往往误以为 get 这个英语单词就只有这些汉语解释，而且牢牢地记住了这些释义，别人问起时能毫不犹豫地回答出来。

继续学下去，才知道这个单词还有许多别的解释。它可以作"抵达"解，如：When do we get to Beijing?（我们什么时候到达北京?）也可以作"变为"解，如：It's getting warmer and warmer.（天气变得越来越暖和了。）还可以作"理解、记住、听到、学到"解，如：Do you get me ?（你明白我的意思吗?）Yes, I got.（是的，我明白。）

此外，get 还有许多别的解释，尤其是与别的词组合在一起，其表达力就更丰富了。诸如 get away 作"离开、滚开"解，get through 作"到达、（打电话）打通"解，get up 作"起床、登上"解等。等到脑子里有了这么多对于 get 这个单词意义的理解时，别人猛一问 get 这个英语单词是什么意思时，还不一定能马上回答出来。但是当这个单词与别的单词组合在一起，在不同的文章里出现时，却都能随机应变地正确理解它。只有到了这种境界，才能说明对英语单词意义的理解比较广泛了，水平提高了。

由此可见，短时突击机械地记忆大量英语单词达不到全面提高英语水平的目的，只有与语音、语法以及与其他英语单词有机地结合在一起的单词才是"有血有肉"有生命力的，才是有助于提高英语水平的。

# 第五章　文字记忆法

你是否遇到过这样的记忆奇才？他和100或200个过去从未谋面的人只是握握手，就能记住他们的全部姓名，而且能将名字和人一一对上号。你是不是很羡慕他，有幸天生如此惊人的记忆力？

如果是这样，那么请你不要再被愚弄。你的羡慕找错了对象。和其他许多事情一样，这个世界上并没有天生的记忆奇才——他们都是人为的结果。记忆能力不是遗传得来的。无论记忆你听到的所有名字、你研究的所有问题，还是记忆你学习的所有概念，它都只是一种智力诀窍，每个人都可以学习和掌握。这一章便会传授大家如何记忆文字。学会这些方法，不管文字多少，比如上千字的文章、讲稿、诗词等等，都能让你过目不忘，运用自如。

## 第一节　总结归纳

文字的使用，是人类文明的一大进步。历史发展到今天，人类所使用的文字大体上可以分为两大类：一类是拼音文字，如英语、法语、俄语、德语等；一类是非拼音文字，如汉语、日语等。

汉字是世界上使用时间最久、空间最广、人数最多的文字之一。汉字的创制和应用不仅推进了中华文化的发展，而且对世界文化的发展产生了深远的影响。关于汉字的起源，中国古代文献上有种种说法，如"结绳"、"八卦"、"图画"、"书契"等，古书上还普遍记载有黄帝史官仓颉造字的传说，说仓颉看见一名天神，相貌奇特，面孔长得好像是一幅绘有文字的画。仓颉便描摹他的形象，创造了文字。有的古书说，仓颉创造出文字后，由于泄漏了天机，天落下了小米，鬼神夜夜啼哭。还有一种传说，说仓颉观察了鸟兽印在泥土上的脚迹，启发了他发明文字的灵感。

这种种传说都是靠不住的。文字是广大劳动人民根据实际生活的需要，经过长期的社会实践才慢慢地丰富和发展起来的。现代学者认为，成系统的文字工具不可能完全由一个人创造出来，仓颉如果是确有其人，也应该是文字整理者或颁布者。

汉字源远流长，是世界上最古老的文字之一。如今汉字已纳入高考的考试范围，属于能力层次的 A 级，识记部分。对于汉字的记忆方法，总结出几种方法供学生们参考。

1. 同字归纳

比如：

（1）其：两全其美　名副其实　出其不意　勉为其难　突如其来　夸夸其谈　不计其数　金玉其外　败絮其中

（2）筹：一筹莫展　略胜一筹　觥筹交错　运筹帷幄

（3）制：先发制人　出奇制胜　克敌制胜　因地制宜　鸿篇

巨制　后发制人　制胜法宝

（4）贯：如雷贯耳　鱼贯而入　融会贯通　一以贯之　全神贯注　恶贯满盈

（5）厉：铺张扬厉　厉行节约　变本加厉　雷厉风行　厉兵秣马　凌厉攻势　踔厉风发　再接再厉　声色俱厉　色厉内荏

（6）详：安详　周详　端详

（7）当：独当一面　以马当车　螳臂当车

（8）曲：曲径通幽　曲肱而枕　曲意逢迎　是非曲直　委曲求全

（9）屈：理屈词穷　屈指可数　卑躬屈膝　能屈能伸　委屈

（10）是：莫衷一是　各行其是　惹是生非　共商国是　自以为是

（11）致：科技致富　因伤致残　专心致志　淋漓尽致　致命一击　闲情逸致

2. 形义结合

我们可以借助字形联系语义来辨析词语。如"溃烂"、"馈赠"、"匮乏"、"昏聩"、"振聋发聩"、"功亏一篑"等词语，利用其形旁的差异，结合语义，就很容易区分了。

3. 同偏旁部首

将同偏旁部首的词积累起来记忆。比如：

膨胀　缥缈　怅惋　陷阱　络绎不绝　满腹经纶　奴颜婢膝

云蒸霞蔚　城堞　肮脏　肺腑　锱铢　菲薄

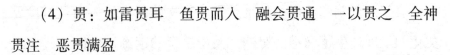

这样简单的就识得了"庐山"的真面目，做起题来就得心应手，易如反掌。

4. 同词联系

将相同的词语收集起来，联在一起记忆。比如：

| 流芳 | 流芳百世 | 断章 | 断章取义 | 伏法 | 认罪伏法 |
| 震撼 | 震撼人心 | 无事 | 无事生非 | 贸然 | 贸然进取 |
| 凌厉 | 凌厉攻势 | 融会 | 融会贯通 | 果腹 | 食不果腹 |

汉字数量多，字形复杂，正确识记和运用，是一个长期艰巨的任务。

关于汉字的记忆，是一个仁者见仁、智者见智的话题。以上方法，对于基础较差的学生特别适用，能调动他们的积极性，激发他们的学习兴趣，从而自觉地保质保量地完成作业。总之，识记现代汉语的字形，关键在于"积累"二字。希望同学们对易写错的字，分类整理，勤加比较，强化辨析。再通过不同类型的题来巩固记忆。最后练出辨识汉字字形的火眼金睛。

## 第二节　两两相连

两两相连是以"未知"联结"未知"——利用图像将物品串联，把要记的 10 个、20 个甚至上百个事物，先一对一个别串联起来，每个事物都像锁链上的一个环。运用这种方法，大约可以记忆 2000 个文字左右的文章，而且是做到一字不漏。更重要的是最多半个小时即可做到。

举个简单的例子：假设甲是一支钢笔，乙是一张纸，当甲和乙做联结时，就把这支笔和这张纸"做接触"，此时我们就称为"两两相连"。这样环环相扣的记忆法，也就是记忆学习的最重要技巧。

接着，乙这张白纸和丙做联结（假设丙是一个碟子），请注意，这时甲这支钢笔就暂时搁在一旁，不必出现在脑海中，只要专心联想乙和丙，也就是针对白纸和碟子做联想即可。千万不要把甲那支钢笔，在联想乙和丙时也掺进来。两两相连的关键在于：

1. 永远只记忆两件物品。

2. 在脑海里只针对两件物品做联结。

再次提醒：所谓"两两相连"的概念，就是在你的脑海里永远只看到需要联结的那两个画面或两个图像；把所有物品往上、下、左、右等顺序做继续联结，是不正确的观念。

当要回忆某物品时，只需记住之前或之后的物品，其他的都不需要出现在脑海里。这种方法就像铁链一样两两相扣，当要做追忆时，只要把任何一个环节"拉"出来，那环节前后两头的信息自然就会想出来了。

在两两相连的练习中，最好不要产生任何故事情节，以免不小心浮现出之前本来就存在密切关系的物品。比如，要用两两相连法记忆红绿灯、自行车、斑马线三样物品，请只管联结红绿灯和自行车，再联结自行车和斑马线。不要觉得红绿灯和斑马线都是与交通相关的物品，而在后面的联结中硬加入红绿灯的图像。

现在，我们要用两两相连的方法练习记忆物品。

下面有10件物品：

手机 白板 纸杯 铅笔 涂改液 手套 头发 橄榄球 巫婆 西瓜

第一项是"手机"，请把它与第二项"白板"做联结。你的脑海中要出现的是"手机"和"白板"联结的画面。

接下来，"白板"还要跟第三项"纸杯"做联结，这时候你的脑海中只能出现"白板"和"纸杯"的联结画面，暂时把第一项"手机"搁在一旁不理。

再来是拿"纸杯"和第四项"铅笔"做联结。

这里，可以运用夸张、趣味、卡通、情境四种方法来想象，例如：这支铅笔用力插进纸杯里。接着拿"铅笔"跟"涂改液"做联结。依次向后，相互联结。

能不能把10件物品一一背出来？再挑战自己的能耐试试下表30件物品的记忆练习。

请在白纸上写下你记起来的物品，再对照答案看看自己记住了几项。

| 1. 葡萄 | 7. 手表 | 13. 汽车 | 19. 垃圾桶 | 25. 扇子 |
|---|---|---|---|---|
| 2. 饼干 | 8. 口红 | 14. 显微镜 | 20. 猴子 | 26. 扁豆 |
| 3. 爆米花 | 9. 橡皮擦 | 15. 拖鞋 | 21. 脚趾 | 27. 蚊子 |
| 4. 樱桃 | 10. 杂志 | 16. 泰国 | 22. 雪人 | 28. 坦克 |
| 5. 比萨 | 11. 茶叶蛋 | 17. 牙齿 | 23. 名片 | 29. 毛衣 |
| 6. 桌子 | 12. 计算机 | 18. 鸡腿 | 24. 音响 | 30. 孔雀 |

如果在做联结时还有一些勉强，或是你的想象力还存在些问题，就要提醒自己回过头去掌握图像、联结、顺序这三项基本功。

除此之外，还要注意到"联结"所要遵循的夸张、趣味、卡通和情境四大原则。如果你真的能够掌握这些窍门，那么学会两两相连是轻而易举的事。

## 第三节　故事联想

学习和记忆是互为因果，相辅相成的。学习只有在记忆下才有意义，在记忆和理解下，才有学然后知不足之感。记忆是学习的一环，记忆也是学识进步的基石。为了提高记忆的效率，学识的深化，孔子曾经说过"学而时习之"，"温故而知新"；为了增强理解，教导我们学习和思考并进，也曾有"学而不思则罔，思而不学则殆"的名言。

很多学生为记下公式、背诵诗文而反复强记，吃了不少苦头，这里提供一种新的记忆方法尝试，将记忆与联想、趣味等结合在一起，从而使记忆的蹊径变得生动、活泼，犹如攀山观景一样，达到高峰。

故事联想，就是对资料进行离奇、夸张、不合逻辑的特别联想，在大脑中以鲜明的影像来进行记忆的方法。它和"两两相连"相反，而是把所有的素材编成一个故事来做联结，越夸张越好。

请在 2 分钟内按顺序记住下面中国十大古典悲剧：

《窦娥冤》　　《赵氏孤儿》　　《精忠旗》　　《清忠谱》
《桃花扇》　　《汉宫秋》　　《琵琶记》　　《娇红记》　　《长生殿》　　《雷峰塔》

根据测试：有 60% 的人可以在 2 分钟内把以上内容记住，但遗憾的是，这些人中 80% 的人会在 20 分钟后忘掉一半以上的内容。导致这种现象，是因为他们采取了错误的记忆存储模式。

记忆按其存储模式可以分为符号记忆和形象记忆。

符号记忆就是那些以语言、文字、符号等作为载体而存储的记忆，这种记忆在记忆过程中，是由逻辑思维来主导的。而逻辑思维往往只能以按部就班的方式处理问题，所以这种记忆速度很慢，而且记忆容量非常有限。

形象记忆就是以图画、电影等作为载体而存储的记忆，这种记忆由我们的形象思维来主导。这种思维模式的特点是感性的、直观的。它不对识记材料进行逻辑分析，只是简单地对识记材料进行"拍照"或"录像"，就能轻松地将其映在脑海里。就像我们看一部电影，谁也没有刻意去记电影里的内容，然而我们却能在不知不觉中将电影画面深深地映在脑海里。而且这种形象思维模式处理问题的方式往往是整体性、跳跃性的，有较大的创造性思维的潜力。所以形象思维能力的提高，不仅能大大增强我们的记忆力，同时也能使我们的创造性思维的潜能得到很好的开发。

形象记忆不仅在记忆速度上要远远超过符号记忆，而且其记忆容量也是符号记忆所望尘莫及的。据估计，孩子的记忆力约是成人的 4~5 倍。这是由于人们在婴幼儿时期主要以形象思维为主，所以表现出较高的记忆力与创造潜力。当人们逐渐成熟，并开始在传统教育下接受逻辑思维的训练，形象思维就开始逐渐受到理性思维的控制与压抑，于是我们原本都具有的超级记忆潜能就开始一步步被淡忘。然而那些有较高形象思维能力的人，听音就可以辨色，或者浮现图像、闻到味道等，这也正是那些具有超级记忆奇才的唯一优势所在。然而这一优势，每个人都可以通过训练来不断提高。

下面让我们来看看如何启动右脑的图像式记忆，来达到对这段材料过目不忘的效果。

现在请你集中精神，并微微地闭上眼睛，把你的大脑想象成一部电影播放机，并试着在脑海中播放如下的画面：

"窦娥"在冤死之前，生下一个小孩，名叫"赵氏孤儿"。赵氏孤儿长大以后精忠报国参了军，并当了军队里的旗手，负责扛《精忠旗》；由于他在军队里既清廉又忠诚，所以他的名字被写进了《清忠谱》（在这里把《清忠谱》想象成记载清廉忠臣的名谱）；皇帝在《清忠谱》里看到他的名字，给他赏赐了一把"桃花扇"；他摇着"桃花扇"走进了他的豪宅"汉

宫"；刚一进门就听到有人在弹"琵琶"；循声而去，发现是"娇红"小姐在弹奏；娇红小姐说：我住在"长生殿"的"雷峰塔"里面。

怎么样？脑海中能看到上面文字所描绘的画面吗？现在请闭上眼睛，在脑海中把以上的画面再回忆一遍，就像你刚看完电影，而电影的画面还始终在脑海中久久回荡一样。

故事联想有两个原则请特别注意：

1. 尽量动态化：每个物品都可以卡通化、拟人化，所以它们都可以产生动作，以加深你的印象。

2. 夸张：把小的物品变大，把大的物品变小，把东西拟人化，变可爱。

学过之后能把这种方法推而广之，不仅能运用到记忆大量的材料中，还可以运用到记忆其他同类型的材料中。例如记忆南美洲所有国家的名字，记忆中国历史上的各个朝代，记忆一系列没有规律的采购清单，记忆考试题中的答案要点，甚至包括记忆班级里同学的花名册等等。

## 第四节　位置记忆

在古代，像西塞罗、昆体良和西尼加这些著名的雄辩家、演说家，为了成功地进行重要演讲，都会学习和运用一种特殊的记忆技巧。这种当时非常流行的记忆技巧特别适用于记忆论证思

路，以及可以随时复述的知识和演讲内容。这样在演讲时，这些演说家就会背诵那些花费巨大心血组织和记忆下来的文章，而在听众看来就如同一次自然而随意的演讲。这类演讲给观众留下了深刻的印象，也提高了这些雄辩家的声誉（西塞罗在其巨著《论雄辩家》中对这种记忆方法有所描述）。古代雄辩家所使用的这种记忆方法就是位置记忆法，在当时非常普及，有时人们干脆直接将它简称为"方法"。

西塞罗（公元前 106 ~ 公元前 43 年）的演讲享誉全国，他运用的正是这种记忆法，他惊人的记忆力令所有人折服。曾经有这样的记载，说他有时会让 200 位听众每人告诉他一句自己最喜欢的诗，接着他就能准确无误地按照顺序把这些诗复述出来。据说，他还曾在一次盛大的集会上记住了 2000 位与会者的姓名，而后按照规定的顺序把这些名字——背出来。这种高超的记忆力，如果不采用位置记忆法，是完全不可想象的。

位置记忆法有两个主要特征：寻找位置，进行想象。

为了正确运用这种方法，你首先要确定一条精确的路径，把显著的位置或者较大的对象安排在路径上。接着，把路径上各个点与需要记忆的信息联系起来。

这种记忆方法乍看起来或许有些陌生和不习惯，但实际上你在日常生活中已经无数次地用过这种方法。当你在匆忙之中找不着东西的时候，会从头到尾回想一遍自己在屋子里的活动过程，

记忆的规律与记忆的方法

常常一下子就会记起来。位置记忆法正是有针对性地在记忆时利用这个特点。

可是，我们如何才能建立这种记忆知识的路径呢？

世界顶级记忆大师贡特·卡斯滕总结了这方面的经验，并把它作为规则制成了表格。在表格中，他使用自己想象出来的宾馆房间作为例子。

| 建立记忆路径的规则 | 路径例子 |
| --- | --- |
| 1. **熟悉的环境**：在你经常逗留、并有情感参与的环境中建立第一条记忆路径。建议把宾馆里的床作为记忆的起点。 | 一觉醒来，新的一天开始了：在床上。这是路径上的第一点。 |
| 2. **明确的顺序**：路径上的各个点在空间位置上应该是绝对明确的，比如可以确定顺序从 A 到 B 再到 C……而日常生活的时间顺序并不重要。 | 床的旁边放着一台黑白电视机，这是路径上的第二个点。 |
| 3. **选择容易记忆的点**：你应该尽可能选择有趣的、有显著特征的位置或者对象作为路径上的点大哥大。 | 电视机的右边是一盆很大的、绿绿的、长满刺的仙人掌，这是路径上的第三个点。 |
| 4. **中等规模**：路径上点不能太大，也不能太小——墙上的小污点太小了，整片森林又太大了。 | 你想呼吸新鲜空气，于是打开窗户，这是路径上的第四个点。 |
| 5. **适当的距离**：路径上各个点之间的距离既不能太远，也不能太近。贡特·卡斯滕使用的距离是在 0.5 ~ 20 米之间，1 ~ 2 米是最合适的。 | 在去浴室的路上，一张小圆桌放在距离另一扇窗户 1.5 米的位置上。这是路径上的第五个点。 |

| 建立记忆路径的规则 | 路径例子 |
|---|---|
| 6. 定位的点要有固定的顺序：路径上的点应该有固定的顺序，它们的位置不能随意改变，因此，容易移动的点是不合适的。但我们还是可以选择移动的对象作为路径上的点，只要能把它与某个固定的点联系起来。 | 浴室的右侧刚好就是厕所，这是路径上的第六个点。 |
| 7. 足够的区分度：为了以后能够准确区分各个思维图片的情景，路径上的各个点不能太相似。所以在你的路径上，不应该同时出现两个外表相似的点。 | 厕所对面有两个洗脸盆，你只需要把一个洗脸盆放在你的路径上。这是路径上的第七个点。 |
| 8. 正常视野内：位置记忆法只有在回忆过程中不忘记路径上的点才能发挥作用，所以我们应该选择那些处于正常视野以内的对象，最好不要选择地板上或者天花板上对象。 | 虽然浴室角落里有盏格外漂亮的台灯，但是我们的眼光宁可投向用大理石装饰而成的豪华洗浴间。这是路径上的第八个点。 |
| 9. 确定观察的视角：可以从不同角度来观察对象。确定观察的视角对于记住路径上的点非常重要，应该采用人们在自然状态下的一般视角。 | 在朝着房门走的路上，你路过一个大衣柜。你需要决定采用何种视角来观察衣柜。衣柜是路径上的第九个点。 |
| 10. 全部编号：为了使路径井然有序，你应该给路径上的所有点都编上号码。 | 你的路径终止于房门，这是路径上的第十个点。 |

利用路径上的点有两种形式。一种是用来实现暂时性的记忆，比如记住需要立即处理的事情，或者需要短暂记忆的事实性知识，或者即将开始的讨论中的论据；一种用来实现持续性的记忆。

如果是第一种情况，有20～50个点的两三条路径就足够了。虽然与用常规方法记忆的信息相比，这些信息被遗忘的速度明显慢得多，但是终究还是会被完全遗忘。当然，你能够在几个小时甚至几天内记得这些信息，这取决于你将信息图像化的程度。此后，图像和情景渐渐模糊直至消失，你的路径就又可以接受新的信息了。

　　持续性记忆指的是，长时间地把信息固定在路径上的各个点之上，并且不断重复，直到这些信息进入长时记忆并能够长期稳定地提取。在这个运用范围内，你就需要更多条路径，因为每条路径只能用于记忆特定的事实性知识。

　　不是只有古希腊和古罗马的著名演说家能口若悬河地进行演讲和在研讨会上发言，从而受到世人的认可和尊敬。即使是今天，如果有人能够在大庭广众之下，不看演讲稿就可以非常流利地说上哪怕只是几分钟，人们也会惊叹不已。位置记忆法能够实现你的梦想。具体方法是，你把演讲涉及的内容储存到事先建立起来的路径上。无论这是一次只有6个要点的简短讲话，还是一次有26个甚至更多主题的长时间报告，这种方法都适用。重要的是，你要为演讲内容设立一个具体的情景，然后把这个情景与路径点以充满想象力的方法联系起来。

　　假设你在亲戚的婚礼上要发言。在谈其他话题之前，你打算先说说这对新人的初次相遇的情况，然后讲讲他们曾经共同参与的体育活动。在这里，你采用在教室里建立起这条路径。

1. 第一个路径点或许是教室里的书桌。你把新郎新娘两人之间的彩球作为新婚夫妇邂逅的象征，彩球恰好就放在你的书桌上。

2. 花样跳伞是他们的共同爱好。自然你会看到定位在第二个点上的巨大降落伞。第二点可以是墙壁上的暖气设备，你在想象中用降落伞把暖气设备盖住。为了使这个故事更有逻辑性，我们还应该想象这是在给降落伞加热，为下次从更高的地方跳伞做准备。

3. 用这种方式，你就可以将所有的关键词与适当的路径点联系起来。为了保险起见，你再把这些思维图片在脑子里过几遍，以便记得牢，这样就可以自信地完成任务了。你在讲话时，只需要进行一次"思维漫步"，就能够想起储存的路径点上关键词。你会发现，这种方法真的十分有效。

第五节　五步记忆

背诵课文是学好语文的重要方法。熟读成诵，烂熟于心，能有效地加深对课文的理解和感受，消化、吸收课文的养分，把课文中的词句储存在自己的"仓库"里，变成自己的"财富"。久而久之，不但能按课文的规范纠正自己口语和作文中的语病，还能得心应手地遣词造句。背诵课文的好处大着呢！背一首短诗、一篇短文好办，背长课文就难了。要在短时间里背熟长课文，怎么办呢？

熟练文字记忆窍门的第一个步骤就是"熟读"，透彻地理解要背诵的材料。如果连材料都还不理解掌握，那就根本谈不上背诵了。另外，实验表明，受试者在记忆句子时，开始保留的是句子原话的信息，但他们很快就忘掉这些信息，保存下来的只是句子的意义信息。可见，储存在记忆中的不是语言的形式，而是语言的意思。所以，只有对材料有充分的理解，才能很好地去背诵。

第二步，弄清材料的结构。而弄清材料结构的一种有效方法就是写出材料的提纲。这其实就是一种对材料进行重新编码。对材料的重新编码有助于材料的记忆。这是因为经过了自己的分析，用自己的语言做过提纲的材料，是比较容易记忆和保持的。

第三步，找出关键字，就是文章中具有含义而且能够提醒你文章前后顺序的重要字。

寻找关键词有诀窍：找出每一句的字首和字尾当关键词，或是找出 5 "W"、1 "H"，也就是把文字中有关谁（who）、什么（what）、何时（when）、何地（where）、何物（which）及如何（how）等关键词找出来。这一步骤等于是压缩大量资料的过程。

第四步，图像化。也就是把这些关键字转化为右脑记忆所采用的图像。这时你可以展开你的丰富想象力，把抽象的词语转化为具体的图像，也可以用谐音法产生图像。接着再将由关键词转换而成的图像，一个个还原联想出正确的对应文字。

第五步，把这些根据关键字转化而成的图像，依照顺序"两两相连"。两两相连的图像记忆顺序，就是这些篇文章的记忆构架。

下面举个王安石的七言绝句《忆江南》来引导你做文字记忆练习。

### 忆江南

城南城北万株花，

池面冰消水见沙。

回首江南春更好，

梦为蝴蝶亦还家。

在记忆的开始，首先要熟读这首诗。熟读后，诗的意境便大概掌握了。

由于这首诗词不需要列提纲，那么我们就可以寻找关键字。例如第一句"城南城北万株花"，其中"城"和"花"可以作为关键字。这时脑海中出现了一个图像：一座"城堡"，由于长年无人照顾，致使城墙上长满了野花。这些花五颜六色，非常好看，以便让你的印象更鲜明。

第二句"池面冰消水见沙"，可以想象城堡旁边有一座几近干涸的"池塘"，部分是水部分是沙，所以关键字是"池"和"沙"。

第三句"回首江南春更好"，这幅图像是：一位古代女子，

记忆的规律与记忆的方法

正在对你回眸一笑。那就代表了"回首"二字是这句的关键字。

最后一句"梦为蝴蝶亦还家"，画面上可能就是那位女子的头发上，停歇着两只蝴蝶以此为家，所以"蝴蝶"和"家"就是最后一句的关键字。

请回想一下所看到的图像：

第一个是"城堡"，城堡上面有几株"花"。

第二个是城堡一旁有座"池塘"，池里几近见底，"泥沙"淤积。

第三个是池塘边有位古代女子正在"回首"对你微笑。

最后一个是女子的头发上停着"蝴蝶"为"家"。

所以，当你脑海中清楚地浮现这四幅画面的时候，你已经把这首诗背下来了。你可以试试看！

不论你要背的素材是诗词歌赋，还是演讲稿，或是历史地理课本，你都可以做这样的练习。当然，背诵这些枯燥的文字还得排除干扰，集中注意力；同学之间可以开展竞赛，互相背诵，看谁先会背，营造背课文的热烈气氛；还可采用眼看、口读、手写的方法，强化记忆。这样，就能用最短的时间背较长的课文。

# 第六章　巩固强化记忆

我们提倡左、右脑并用，就会记得又快又牢，这是相对于单凭左脑记忆而言的。是不是说我们用左脑和右脑同时记忆就会一蹴而就呢？并不尽然。我们还需要进行另外一项工作——巩固强化记忆的方法和内容。适时巩固强化是记忆最好的朋友。

## 第一节　多次重复促成永久记忆

人的记忆可分为两种，只在脑部的记忆画面上映出影像而没有存入记忆的，被称为短暂记忆；有输入、登录再存入记忆的，称为永久记忆。

例如，为了应付考试，在考试前拼命地熬夜念书，一考完试，这些记忆就会全部忘掉，这称为短暂记忆；而因为学习的需要，不停地学习英语，重复记诵单词，在不知不觉中养成英语会话的能力，这便是永久记忆。而这种记忆，就好像计算机中的硬件一般。

又好比一个只见过一次面交换名片的人，随着时间的流逝，这个人的名字会渐渐被遗忘。但是，如果这个人是个很重要的人物，不但会常听他人谈起，也会常在新闻里听到、看到这个人的名字，情况则不同。

事实上，只要是见过一次面的人，在脑内，神经细胞会将与这个人有关的事物，自然形成一个组织网，反复强化组织网，使其在众多的人名记忆中，发出必要的信号，特别呼叫出这个人的名字，并顺畅地流入脑内。

然而如果你许多没有使用这个神经组织网，就必须花很长时间才能回想起来，甚至偶尔也会发生想不起来的情况。就好像我们有时会因忘记而想不起来的那种感觉，相信这种经历谁都有过。其实，在脑内所留下的记忆是不会消失的，只要是神经细胞的组织网还存在，输入脑内的记忆是一生也不会流失的。如果神经细胞的组织网线路保养得好，也就是让同一个情报有多次的使用机会，如此一来，情报的呼叫就能更流畅，甚至比刚开始在记忆时还更省时省力。

艾滨浩斯的研究证实，人们对所学习、记忆的内容达到了初步掌握的程度后，如果再用原来所花时间的一半去进一步巩固强化，使学习、记忆的程序达到150%，将会使记忆的痕迹得到强化，所记内容经久不忘。

革命导师列宁有惊人记忆力的原因在于，他从青少年到老年总是坚持经常、反复地阅读自己的读书笔记。他说："我不单凭记忆去解决，而是经常翻阅自己的笔记。"单是列夫·托尔斯泰的《安娜·卡列尼娜》，列宁就读了100遍。列宁读过的《黑格

尔《逻辑学》》一书摘要中，有许多醒目的眉批："注意，不清楚，回头再看！""要回过头再看"……

林肯少年时代家境贫寒，只上了 4 个月的小学。他在杂货铺里干活时，一个偶然的机会，从马车扔下的废品里找到一本《英国法律注解》。他如获至宝，读了一遍又一遍，通过反复阅读，初步掌握了基本的法律知识，这为他后来成为一位闻名遐迩的辩护律师奠定了不可磨灭的基础，并于 1861 年当选为美国第 16 任总统。

茅以升是我国著名的桥梁专家，他一生中设计建造了钱塘江大桥、武汉长江大桥、攀板花渡口大桥等几十座现代化大桥，开创了中国桥梁理论技术的成功之路。他的著述很多，毛泽东同志曾赞誉他"不但是一个科学家，而且是一个文学家。"茅以升通向事业成功之道的奥秘是什么呢？就是重复记忆。他在青少年时代就运用重复记忆的思维方法，注重大脑记忆和笔记并用，并把笔记作为大脑重新记忆的依据和基础。1911 年 10 月，茅以升考入唐山路矿学校，在校五年里整理的听课笔记达 200 本，近千万字。1916 年 7 月，当时的教育部考查全国各工科大学教学成绩时，唐山路矿学校评为第一名。在第一名的学校里，茅以升毕业考试成绩名列第一。茅以升的记忆力非常惊人，直到 80 多岁时，仍能背出圆周率小数点后 100 多位数值。这是非常了不起的，他却认为："说起来也很简单，重复！重复！再重复！根据心理学家的研究，没有八次重复，要想记住是不可能的。我为了把它牢牢记住，花了不止十个八次哩！只要肯下苦功，天下没有办不到的事情。"

前人成才和成功的事实告诉我们：运用重复记忆，促成永久记忆，从而促进认识能力和创造能力的发展，走向成功。

### 第二节　组织有效的重复

著名心理学家艾滨浩斯对遗忘现象研究发现，人们对学到的新知识，隔的时间越长，忘的越多。经过一段时间后到底遗忘了多少呢？

| 学习后 | 20 分 | 1 小时 | 9 小时 | 24 小时 | 2 天 | 6 天 | 31 天 |
|---|---|---|---|---|---|---|---|
| 遗忘率% | 42 | 56 | 64 | 66 | 72 | 75 | 79 |

这些数据表明，知识刚学过之后，遗忘特别快，经过较长时间以后，虽然记忆保留的量减少了，但遗忘的速度却放慢了。即遗忘的规律是：先快后慢，先多后少。

根据遗忘曲线，科学家们对复习时间做了科学的安排，大家可以按照这个时间去复习，会取得意想不到的记忆效果。其具体复习时间是：

第一次：20 分钟

第二次：1 小时

第三次：2 小时

第四次：1 天

第五次：1 周

第六次：1 个月

第七次：3 个月

这样先重后轻、先密后疏地安排复习，效果极佳。针对这点，你可以每天在记忆新东西前，先重复记忆昨天的知识点和前天、前前天的知识点。这样，每天的知识点就在以后的三天内被重复记忆。在周末还可以把上周的知识点也快速地浏览一遍。你会发现这个方法特别奏效，知识点都能牢牢记住，一个月前记忆的东西在脑海中还十分清晰。每天所花时间也不是很多，只是有点麻烦，最重要的是要形成习惯。如果这个方法在时间的分配上还不怎么合理，则可以根据自己的实际情况调整。

那么，是不是重复的次数越多越好呢？心理学家一般认为，超度学习以 50% 为有限效度，就是在刚能正确背诵时，再用 50% 的时间来记忆是有效地超度重复。超过这个限度，就可能受注意分散、厌倦、疲劳等不良因素的干扰而产生副作用。

我们了解了具体的复习时间后，就要按照这一科学规律进行复习，相信这样既能为你节省更多的学习时间，又能为你带来更好的学习效果。

## 第三节　及时复习与自我检测

及时复习与自测的益处主要体现在以下两方面：

首先，及时复习，可以抓住记忆的最好时机；经常自测，可以弄清哪些知识没学好、没记住，哪些地方容易混淆、有误差，以便马上核实校正。

其次，及时复习和经常检测，可以培养我们的随机应变能力。在考试中，考题往往变换了角度，与原来学习时的大不一样。如果经常运用自我测验法，对所学知识从多方面理解消化，必然会胸有成竹，临阵不慌。

从时间安排方面讲，及时复习与检测可以进行定期，也可以随时进行，复习与检测可以结合进行，对学过的知识，一段时间后先自测一下，不会的，或记得不牢的再进行重点复习。

复习与自测的方式讲，可采取尝试回忆和设问自答 2 种形式。

1. 尝试回忆：尝试回忆就是在头脑中把学过的知识回想一遍，有人称这为"过电影"，这是逼着自己专心致志去动脑筋思考的方法。

杨柳是一名住校生，每天学校到 10 点准时熄灯。可是上了初中以后，她的功课又越来越多，晚自习做作业都来不及，留给复习的时间少之又少。后来，妈妈帮她想出了一个绝妙的办法：每晚睡觉前，静静地躺在床上进行回想，即一节课一节课地想知识要点、一个场景一个场景地想。

就这样，她将每天的功课在脑子里像过电影一样过一遍，大约需要花 30 分钟左右。每天想完，她都觉得如释重负，带着满足和微笑进入梦乡。一学期下来，她的成绩有了明显的提高。

比如：

上午：

第一节：数学。讲了对数函数和分段函数。对数函数是指……分段函数是指……

第二节：英语。今天讲的是第三单元第二课，老师讲了新语法……还练习一会儿听力……

第三节：语文。今天讲了第二单元第10课《〈论语〉十则》，学而时习之……老师还举了几个学习方法的例子……

第四节：体育。做了二十分钟运动……自由活动时，和×××用英语交流，练习对话……

下午：

第一节：历史。讲辛亥革命，主要讲了背景、过程、意义……

第二节：自习。……

第三节：做作业。有两道题不懂，记得问老师。

……

其实，这种方法并不只适用于住校生，也并不是只有在晚上才能进行。你可以在回家的公车，在等车、坐车的时候同样可以将今天新学的知识在头脑里过一遍。这样，你的记忆会又被强化一遍。

2. 设问自答："假如我是老师，我将怎样出题考学生呢？我

希望学生掌握哪些要点呢？"如果经常对自己提出一些问题，多种角度设问自答，会收到意想不到的效果。

读初一的晓芸就常常假设自己是老师，并准备了教学笔记，在上面写上学生名单，还自己扮演学生回答问题，对每个回答都打分数。这样过了一段时间后，晓芸发现："从前，地理课对我来说就像苦役一样。而现在，当我从学校里一回来，就想立刻把功课做完，好去读地理。为什么这样呢？就是因为当我这样做的时候，我就想，我是老师，而不是学生，所以我就有了兴趣……为了使我对地理的兴趣不减弱，我要坚持做一年的教学笔记。"

记忆的目的是储备认识问题和解决问题的能力。怎样知道信息记住了多少，能力储备得怎样呢？要想巩固所学知识，必须及时复习；欲知记忆效果，应该经常进行自我测验，检测是一种很好复习的方法，这些都是对艾滨浩斯记忆法的具体应用。

## 第四节　将重复应用于学习和生活

许多同学为了应付考试，喜欢搞临阵磨枪，这样突击学习的知识多达不到永久记忆的目的，往往是记得快忘得也快，就像狗熊掰棒子，虽然掰得很多，但最后所剩无几。科学的做法是：对于基础性的、必须内储的知识，尽量早日融会贯通，并适时安排复习；对临时应付性的、没有必要长期内储的知识搞临阵磨枪。

还有一些同学在学习内容的安排上有一种惰性，知新时便忘记了温故；复习某一门课程时，便把其他课程忘在一边。这种做法也不可取。这是因为，当你专注于复习或学习某一门课程时，其他课程的内容因搁置太久而几乎忘光了，再复习时不免要花费许多时间和精力。如果适时安排复习，则既省时又省力。复习就像打扫覆在记忆上的灰尘一样，灰尘很少时，一吹即没；灰尘很多时，虽用水洗也难见本色。

科学的做法是：各科知识学习齐头并进，复习也齐头并进。在复习时，第一遍先粗线条地记忆基本概念、基本理论、基本方法，通过系统归纳，使之网络化，并记忆在头脑里；第二遍做书中的例题，做完后与书上的题相对照，力争"一步不少，一字不落"；第三遍做书上的习题，达到一看即懂的程度。此后，再去选做一些参考书上的习题。这样才能达到满意的效果，提高你的记忆力，让你受益匪浅。

重复记忆是最常见的记忆方法之一，适用于一切材料的记忆。它不仅在一般学习中适用，而且人们在日常生活中也大有用场。比如，受托办几件事情，可以重复为："买参考书、传信⋯⋯"。与人初次见面，对方告知联系方式，你往往采取重复的方式："哦，李××，158⋯⋯"。重复别人的姓名不仅可以加深对此人的印象，而且在极自然的重复中含有对别人重视的意思，一下就缩短了距离。与他人约好见面的时间、地点，如"下周一，下午3：00，小月公园门前见。"则重复表述为："对！下周一是12号，下午3：00，小月公园门前，不见不散。"这样的重复，不仅确认了约会的时间、地点，更加深了记忆。

### 第五节　通过过度学习强化记忆

宋朝大史学家司马光幼时记忆就很不好，为治学决心训练记忆力。别人游玩，他闭门攻读，学习孔子"韦编三绝"的治学精神，一遍记不住，再来一遍……直到读得滚瓜烂熟，才肯罢休。久之，不仅学业大进，记忆力也越来越强，少时所学，竟终生不忘。由此可见，后天的努力对于提高记忆力多么重要。

当你在学习中记住了预定内容后，为更好地巩固记忆而继续学习一段时间，我们称这种记忆方法为过度学习记忆法。即对学习材料在记住的基础上，多记几遍，达到熟记、牢记的程度。

心理学家的实验证明，低度学习的材料容易遗忘，过度学习的材料则比恰能成诵的材料保持得好一些。过度学习的精神实质可能大多数同学在学习过程中或多或少都有所体会。所谓过度学习不要误解为"过分学习"或"疲劳学习"，它是指把练习进行得超过那种刚好能回忆起来的程度。其目的是要强化记忆。

德国著名记忆心理学家艾滨浩斯曾做过这样一个实验，他列

出几组 16 个无意义音节，到刚好能背诵之后，有一组无意义音节他又再多读了 8 次，有一组再多读了 16 次，直至最多读了 64 次，间隔 24 小时后，艾滨浩斯再复习了这些音节直至能背诵为止。结果发现，保持的百分比几乎与他学习时能够背诵后所多读的次数相当，即多读 8 次，就能多保持 8%，读 24 次则多保持 23%，超读 64 次的则多保持 64%，并且这个数字成了"极限"。也就是说，过度学习能提高记忆的保持量（记忆量），记忆量的多少与超额学习的遍数在一定范围内成正相关。所以当你在对复习材料刚达到背诵的程度后，请不要马上停下来或转移记忆对象，应继续多读几遍。这样有利于记忆的巩固，提高复习效率。

由于过度学习记忆是一种机械记忆，一般用于对材料的复习。在运用过程中，还需要注意掌握一些记忆的基本方法。

1. 闭上眼睛想

记忆有三个阶段步骤："记录"——将情报送入脑内；"保存"——将记忆储存起来；"想起"——当脑受到类似情报的刺激时便会想起。

以计算机为例做具体说明：计算机画面上输入文字或显示的影像就是"记录"；将文字和影像的情报再存进软件和硬件内就是"保存"；而利用磁盘将情报再调出来的动作，就是所谓的"想起"。

有的人在学习的时候，喜欢抱着书本背个不停，这样好不好呢？当然，我们不能说他不好，但最好的方法是"记录"和"保存"、"想起"相结合。因为"想起"可以检测出我们哪些东西已经记住了，哪些东西还没有记住，增加记忆的目的性，另一方面，"想起"要比记忆的速度快很多，也有利于知识的提取训练，使知识的"保存"和"想起"两个环节都变得流畅！读完一课或一本书以后，为了加深记忆，闭上眼睛，借助于回想来强化记忆。闭上眼睛可以断绝外界的种种视觉刺激，使思维高度集中。这时，可以尽快地回忆。

2. 动笔写

俗话说"好记性不如烂笔头""最淡的墨水也胜过最好的记忆"。在写的过程中，你会对你所记忆的内容作进一步的思考，印象就更加深刻。

3. 讲给他人听

讲的途径有多种：回答问题是讲；同学间相互提问回答也是讲。这样有助于促进思维的敏捷和连贯，从而加深记忆。

建议同学们在学习中，学习时间和学习内容要相对集中，并适当地运用过度学习的办法。否则记忆的内容容易遗忘。集中的学习时间，少年以 30~40 分钟为宜，青年以 50~100 分钟为宜。如熟读一篇文章，读到一定时间或一定次数便能一字无误地复述出来，称之为"适足"，以后再接着读便是过度学习。

## 第六节　利用工具强化记忆

记忆的大敌是遗忘。提高记忆力，实质就是尽量避免和克服遗忘。只要进行有意识的锻炼，掌握记忆规律和方法，就能改善和提高记忆力。强化记忆，是指通过加大刺激强度和提高大脑细胞的兴奋程度来提高记忆牢度。在巩固记忆过程中，我们可以利用一些工具使大脑细胞处于兴奋状态，以达到强化记忆的目的。

### 1. 利用卡片游戏来记忆

李清照的丈夫在太学作学生，领到生活费时，夫妻俩常常跑到相国寺买碑文、水果回家。他俩一面欣赏碑帖，一面吃水果。有时一面品茗，一面校勘不同版本，此外还做游戏。后来丈夫去世了，李清照回忆这段生活时说："每饭罢，坐归来堂烹茶，指堆积书史，言某事在某书某卷第几页，以中否角胜负，为饮茶先后。中即举杯大笑……"。正因为李清照夫妇都是饱学之士，才敢于进行这种游戏（比赛），而通过这个活动，又加深了记忆。

对青年学生来讲，最费脑筋的莫过于背诵了。比如说背诵英语单词，从初中起学生年纪轻，记忆力好，就应刻苦地学习，增加单词的记忆量。但是一般要到了高中才意识到以前太松劲了，并为高考前要大量记忆外语单词而焦虑不安。这里有一个卡片游戏法，可以帮助记忆，不妨试试。

用图画纸裁剪成若干长方形卡片（6~7厘米长，2~3厘米宽），市上有卖的文摘卡片裁半也可。在卡片上面写上单词，背面写上词义，正面用黑色。背面用红色，既醒目又便于区别。

以记单词为例，学生先读正面单词，再看背面进行记忆，大体上记住之后，便把卡片胡乱地放在桌上，然后把已经记住的单词捡出来，放入小箱内，记错的和还没完全记住的再集中起来记忆。这样反复记忆的结果，就为桌上卡片不断减少而高兴，增加了记忆的兴趣。卡片的数量一般以40~50张为宜，有一个逐步积累的过程。进一步可以把意义相关的、或者同样词冠的写在一张卡片上，一起记忆，即用归类的方法进行记忆。

如果有几个同学一起学习，可以把卡片放在桌子上，每人一次拣一张，如果说对了，记一分；说错了，扣一分，并逐人评分。对于这类卡片游戏，学生可以发挥自己的创造力，设计其他新的方法。

使用卡片，眼观手写，并不时整理补充，加深印象。做卡片能随心所欲改变排列顺序，它可以单项或专业性排列，当需要时，可用资料便可拈手而来。或许还能发现彼此意外的关联，而加深记忆。

2. 借用录音机强化记忆

日本有一位少年，在学校里从没学过德语，尽管如此，由于

每天晚上听德语录音带，对录音带的内容早已能倒背如流。英语会话也是一样，不厌其烦地用功才是最好的学习方法。由于反复的练习，自然而然便能在脑中记忆。

现在的录音机比起过去的已经要好得多了，不但容易操作，价格合理，几乎家家都有一台，但是真正充分利用录音机的人却很少。

说到记忆，我们总是把要记忆的事物写在纸上，用眼睛来记忆。但是，用录音机来记忆毕竟和光用眼睛来记忆的方式有所不同，所以在记忆作业上有变化，便能造成气氛的转换。

利用录音机来记忆的基本方式是这样的：由自己把要记忆的事物录音在卡式录音带上，一次又一次地播放，以听觉来记忆。这时，我们便会放弃完全依视觉的记忆方式，而完全用耳朵，以听觉来记忆。

这时，我们必须以紧张的心态来进行，故不得不认真起来。以视觉记忆的方式，必须依赖本人采取主动的立场，才能提高效率，如果在半途、意志变得散漫，或遇到困难有挫折感，不顺利，便会厌烦起来，把书搁置一旁，不想看了。但以录音机的方式进行，不论本人记忆不记忆，仍然不断地进行，因此，如想在一定时间内，进行记忆工作，就一定在时间内完成，半途遇到了不明白的地方，等以后听时再确认就可以了。

录音机录音的声音，一定要有节奏感，按此节奏记忆，效率也能提高，而且录音带可一再重复播放，故记忆便能渗透到无意识的领域，换句话说，平面的记忆便能提高为立体的记忆。

除此之外，录音机记忆尚有许多优点：不论在何处，什么样的状况下都能利用。在客满的公车内、用餐的时候，甚至洗澡时，各位不妨加以利用。也可把必读的文献精华加以录音反复播放。

当录音带放完，录音机开关会自动关掉，有人说如此只听一次没有什么效果；但是晚上就寝时，躺在床上，反正要睡觉了，关掉了也没什么关系，正可使自己的头脑有休息的机会。睡觉前听一次，可将记忆的事物深印脑中。不过在睡前听录音带时，不必勉强记忆，否则会睡不着觉，反而不能提高记忆的效果。

3. 多查字典和词典

凡是成绩特别突出的同学，大多都有经常查字典和词典的习惯。有的人同时拥有好几本字典和词典，分为在学校用的、在家里用的或携带用的，按场合及需要的不同巧妙灵活地利用形式不同的字典和词典。

他们读各类学习报、杂志、书刊，即使是已经知道的词汇，如果词汇的意思在文章中似乎不太贴切，他们就立刻查阅，借此机会，经常能发现向来不懂的意义及用法。

查阅字典或词典，表示了想要了解一个字或词的意义与用法的意念。只有存在积极的求知欲，才会引发好奇心而继续努力。

虽然是自己已经确认的字词，经过再三地查字典，更能确认过去的记忆，而且使飘浮的记忆稳固在脑中。

现在可以说是信息的时代，通过报纸、杂志、电视、收音机，每天和我们有所接触的知识都颇为庞杂，或许漫不经心地听也听了、看也看了，却都是被动地吸收，以致重要的资讯也一个一个地遗忘了。

因此，我们应该经常把字典、词典摆在身旁，遇到不知道的语言、事物，立刻查阅，养成自动吸收信息的态度，才能自我启发，日日都有新的进步。如果养成了常查字典、词典的习惯，当需要用到记忆时，便能轻易地想起。

小说家、学者、评论家这类人有许多是辞典的爱好者，他们异口同声地说："辞典是用来读的。"甚至有的人，将辞典当成自己心爱的书看。

每逢翻阅字典、词典，总会有些新发现。翻字、词典，读字词典，仍不禁地会怀疑，为什么自己仍有那么多词语，那么多美妙漂亮的文字不知道。或是看到某个字，发现："啊！原来我把意思弄错了。"这样一来，又有了刺激头脑的机会。

阅读能增进知识，头脑也会变得更灵活，大脑的容量无限，尽管充实有益的知识吧！如此，才能使脑细胞更活跃，也用不着担心头脑的容量会"客满"。希望同学们把处于冬眠状态的字、词典，重新叫醒，好好地充分利用吧！

## 第七节　对记忆成果给予奖赏

即使不太愿意做的事，一旦有报酬，总会引起或多或少想做的意愿。

报酬的吸引力极大时，即使不曾特别叮咛孩子，小孩子自己也会因报酬的强烈吸引，而积极地向父母要求帮忙做事。

大人和小孩相比，虽然不像小孩子这样坦率而毫不犹豫地争取，但报酬的确也滋生了激励的作用，故我们在记忆时，便可利用自己的这种心理状态。

如果本来没有积极的意愿去记忆某一件事，但得知一旦记忆之后，将获得报酬，心情立刻就振奋、积极了。

话虽称为"酬劳"，却并没什么特别，只不过是对自己说："如果把作为目标的事物范围扩大，就让自己舒舒服服地坐在沙发里，喝点饮料，休息休息，吃点点心，看看电视什么的……"

也可以把用功的时间，划分为好几节，每做一节，就有一项酬劳，酬劳越来越高，就能充满耐性地坚持到最后。

不过，用这种方法要特别注意，莫让报酬的魅力过强，致使自己因为达不到要求而自暴自弃，干脆把用功丢在一边，专心看起漫画或电视，那就前功尽弃了。一般人虽不致如此，但是也要避免，以免静不下心来用功。心绪不宁，杂念纷至，那是没有用的。

对于有些意志力薄弱的人，我们无话可说。但是，一般人往往能借着想要酬劳的欲望，鞭策自己努力，而很容易达到集中精神、提高效率的效果。

因为，过度禁欲式的用功，久而久之，效果会越来越差的，最好把时间划分为 30 ~ 60 分钟，比较有助提高记忆的效率，所谓报酬，便是令自己获得喘息的机会。休息是为了走更长远的路，这句话真是一点不错。

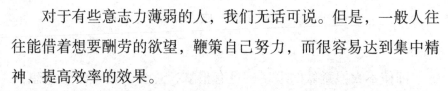

# 第七章　记忆，不仅仅是记忆

记忆，并不仅仅取决于记忆本身。良好的记忆力除了需要掌握一定的方法外，还与注意力的集中程度、有效的体育锻炼、适度的休息、合理的饮食等因素息息相关。另外，缓慢而宁静的音乐、恰当的想象和联想，对记忆力的提高也有着不可忽视的积极力量。关于记忆，你需要了解的其实还有很多很多……

## 第一节　记忆无天才

钱钟书有着非凡的记忆力，被人叹称为"照相机式的记忆力"。在进入小学读书识字之前，钱钟书已读了《西游记》、《水浒传》、《三国演义》、《聊斋志异》以及《七侠五义》、《说唐》等古代小说。钱钟书读书过目不忘，任人从书中随便抽出一段来考他，他都能不假思索、流畅无碍地背出来，连书中好汉所使兵器的斤两都背得出来。吴忠匡在《记钱钟书先生》一文中说，钱钟书在蓝田的国立师院任教时，图书馆的《四部丛刊》、《四部备要》、《丛书集成》、《古今图书集成》等大部头丛书，他都浏览过，但见他看过的文集，仅明清别集就有千种之多，这些别

集，不管是大家、名家，还是二三流的小家，别人随便拿一部来考问他，十之八九他都能准确无误地复述其内容，有的甚至一字不差。别人不敢相信，屡次考他，他也竟屡试不爽。而且，他的记忆力似乎也并不随年龄的增长而衰减，几十年前读过的书，仍然如昨日刚看过一样记忆犹新。1979 年，将近七旬的钱钟书在美国访问，再次证实他的记忆奇才。费景汉说钱钟书把"耶鲁大学在场的老外都吓坏了"。夏志清说钱钟书在哥伦比亚大学的"表演"使得洋同事面面相觑。至于水晶的记述就更有意思了。他说"……谁知白之教授刚引到这里，钱先生立即像《红与黑》小说的男主角于连背诵拉丁文圣经一样，将下文'不比寻常穿篱挖壁……'咿咿呀呀背诵了起来，这种惊人的记忆力，只能借用《围城》里形容孙柔嘉的句子，可比拟听者的惊讶：'惊奇的眼睛（此处应改成嘴巴）张得像吉沃吐画的 O 一样圆'。"

如此惊人的记忆力，是不是因为钱钟书先生生来就和别人不一样？

也许吧，但肯定并不是如此。钱钟书先生的夫人杨绛先生的一篇文章《为有志读书求知者存——记"钱钟书手稿集"》，对钱先生的记忆力做了精彩描述，让我们能够得以一窥惊人记忆力的炼成之道。

杨绛先生在这篇文章开头说："许多人说，钱钟书记忆力特强，过目不忘。他本人却并不以为自己有那么'神'。他只是好读书，肯下功夫，不仅读，还做笔记；不仅读一遍两遍，还会读三遍四遍，笔记上不断地添补。所以他读的书虽然很多，但也不易遗忘。"

杨绛先生对钱先生的读书应该是最为了解的，她说钱先生不易遗忘的原因，不是他的记忆力有多么强，而是因为"好读书，肯下功夫，不仅读，还做笔记，不仅读一遍两遍，还会读三遍四遍，笔记上不断地添补"，其中也许有谦虚的成分，但"肯下功夫"确是记忆力超人的必由之路。

据杨先生介绍，钱先生读书做笔记的习惯是在牛津大学图书馆养成的。因为图书馆的图书向不外借，只能抄录，且不能在书上留下任何痕迹，于是钱钟书便边读边记，从而养成了读书做笔记的习惯。过去从一些介绍中知道钱钟书先生家没有太多的藏书，在杨先生的文章中得到了证实，她说："钟书深谙'书非借不能读也'的道理，有书就赶紧读，读完总做笔记，无数的书在我家流进流出，存留的只是笔记，所以我家没有大量藏书。"

钱先生曾经说过："一本书，第二遍再读，总会发现读第一遍时会有很多疏忽，最精彩的句子，要读几遍之后才发现。"如果说钱钟书先生有超人的记忆力的话，那么他的记忆力不是一种神奇的力量，而是来自他锲而不舍的反复阅读，反复品味，反复思考。

杨绛先生整理了钱钟书先生的笔记数量，外文笔记"笔记本共 178 册，还有打字稿若干页，全部外文笔记共 34000 多页"；中文笔记和外文笔记的数量，大致不相上下；"日札共 23 册，

2000 多页，分 802 则。"知道了这些数字，我们不难想象他平时读书下了多么大的功夫。这些读书笔记想来要比钱钟书先生已经出版的著作不知要多多少倍。说到这里，我们也许不难明白钱钟书先生为什么能记住那么多东西，为什么能成为一代大师的原因了。

无独有偶，前面我们说了毛泽东记忆人名的诀窍，毛泽东也是有着惊人记忆力的，他又是如何炼成的呢？方法就是"四多学习法"。

毛泽东说："记忆的最好方法就是坚持'四多'即多读、多写、多想、多问。"他自己就一直坚持这种方法。多读：除了博览群书以外，还要对重点的书籍多读几遍。他对司马光的《资治通鉴》一书，读了多达 17 遍。在读《饮冰室文集》、韩愈的古文及唐宋诗词的时候，常常要求自己要达到背诵的程度，并且要精深了解，透彻领悟。毛泽东尤其喜欢古诗词，能顺口吟诵的就有四五百首。他还有抄写诗词的习惯，他认为这样做既练习了写字，又锻炼了记忆力。到晚年的时候，他的记忆力还很好。

多写：多写读书笔记。毛泽东在多年的学习实践中养成了手中无笔不读书的习惯。边读边写被他认为是加强记忆的最好方法。毛泽东的读书笔记形式灵活多样，除了各种记录本外，还有选抄本、摘录本，以备做重点记忆。他还经常在书的重要地方画上各种符号，写眉批。丰泽园的图书室里就有 13000 多册图书被他眉批过。一本《伦理学原理》，全书不过 10 万多字，他用工整的小楷在书的空白处写下了 12000 字的批语。他在读《辩证法唯物教程》一书时，也写下了近 13000 字的批语，其中三的批语就有 1000 多字，和文章的长度差不多。

多想：在学习的过程中，要清楚哪些观点是正确的，哪些观点是错误的，通过对比，使正确的观点更深刻。在读书批语中，他都有比较简单的赞成、反对或怀疑的话，用笔谈的形式与作者讨论，汇总历代学者的不同学说，提出自己的精辟见解。一旦结晶成自己独到的见解，就不会再忘了。

多问：学习时遇到不清楚、不明白的地方，及时请教。在湖南第一师范学习时，毛泽东除了在校自修，向本校教员请教外，还经常向有学问的人请教，每逢有专家、学者来长沙讲学，他都要拜访求教。他常说："学问一词讲的就是又学又问，不但要好学，还要好问。只有问懂了，才能记得牢。"

一本书通过这样的阅读，到看完的时候基本上也就记住了大部分。毛泽东的记忆方法就是勤奋。你认为呢？

## 第二节　一分注意，一分记忆

真正的记忆术就是"注意术"，有人还把这看成万世不变的记忆法则，这是有道理的。记忆时只有聚精会神，专心致志，排除杂念和外界干扰，大脑皮层才会留下深刻的记忆痕迹而不容易遗忘。如果精神涣散，无意注意过多，就会大大降低记忆效率，甚至会使人记忆力下降。

所谓注意，就是集中精神注意事物和行为，把它们固定于意识之中。历史上不少人经过集中注意力，认真地看、听、默诵、观察以及种种刻苦的磨炼，造就了非凡的记忆力。

我国东汉时，有一位名叫贾逵的人，他 5 岁时还不会开口说话，他的姐姐听到隔壁私塾里传来朗朗读书声，常抱着他到篱笆旁倾听。到了贾逵 10 岁时，他姐姐发现他在暗诵五经的内容，感到十分吃惊，原来私塾里学生反反复复念书时，贾逵都是专心去听，以致达到了耳熟能详的程度。姐姐就让他能边诵边写，经过几年的努力，贾逵已能够通晓五经和其他史书了，比隔壁的学生记住的都多。

注意力越集中，记忆就越迅速、牢固。

许多人常常抱怨自己注意力难以集中，但是往往在有限的时间内，对于自己喜爱的事物，注意力却很容易集中。例如看了亲人的照片、在橱窗里看自己仰慕的商品、翻阅一段要左查右找地核对的文字——这些，都能证明你的注意力是可以集中的，只是受了意识的支配。

宾夕法尼亚州匹兹堡大学语言教授斯特娜夫人很注重教育自己的女儿，她从小便使女儿受到注意力的训练。她常与女儿玩一种叫"留神看"的游戏。每当路过商店的门口之后，就问女儿该商店陈列橱窗内摆的是哪些商品，让她数出留在记忆中的各式商品。能说出越多，就打分越高。这样训练很有结果：当女儿五岁

记忆的规律与记忆的方法

时，在纽约肖特卡大学教授们面前，把《共和国战》朗诵了一遍就一字不差地复述下来，令教授们大吃一惊。斯特娜夫人说："我这样做，是为了让她注意事物，养成敏锐地观察事物的习惯。"

集中注意力，就是把注意力集中以一个题目，或自愿选择的一件事情之上，而不让注意力转向吸引它的其他题目上去的机能，它是人脑的一种定向反射活动。所谓定向反射活动，就是有机体朝向某种事物，以及查明事物的情况和意义的反射活动。借助于向反射活动，人们就可以有选择地比较完全而清晰地反映客观事物。定向反射活动，有的是由事物本身的特性（如相对强度、新异性等）引起的。这种定向反射没有预定目的，也不需要意志努力，是不由自主地产生的。譬如，教室里正在安静地上课，突然有人推门走进来，在座的学生就会不由自主地看着来人。同这种定向活动联系的注意，可谓不随意注意（也叫无意注意）。

而另一种定向反射活动，则需要由一定的目的并需要经过意志努力所在引起的。例如一个嘈杂的环境中能坚持写作。

同这种定向活动相联系的注意，便是随意注意（也叫有意注意）。它们都是人脑活动的反映，人们在注意某种事物时，大脑皮层就要产生一个优势兴奋中心。在同一时间内，大脑皮层只有这一个优势兴奋中心，而其他区域都或深或浅地处于抑制状态。

以上所谈是注意力的有关原理，那么，如何才能集中注意

力呢?

首先,创造一个固定安静的环境。

只有安静的环境才能专心致志,一个固定安静的环境,可以使你学习时置于同样的物质条件之下,你能产生集中注意力的条件反射。当你置身于同样的物质条件之下时,你的思想将会自然而然地处于警觉、注意和专心的状态。随着这种习惯的养成,要集中注意力就容易得多了。如果没有这种条件,往往会适得其反。

大发明家爱迪生就有过这样一件事:

一次,爱迪生的生日。朋友们知道他早就想尝一尝美味的鱼子酱,决定在生日这天请他吃一次。生日那天,爱迪生和几个朋友一边就餐,一边滔滔不绝地探讨起白炽灯来,正当讲得最热烈的时候,那盘早已约定好的美味佳肴端了上来。这时,爱迪生正在讲灯丝的材料。他顺便把鱼子酱送到嘴里,继续评论说:"为发明电灯的灯丝,我那些 1000 多种材料都用了,到底用什么……"鱼子酱吃完了,演讲的爱迪生停了下来,用手在桌子上画了一个大问号。

这时有人问他:"你知不知道刚才吃的是什么东西?"

"是鱼子酱呀!"

"怎么?哎呀,是鱼子酱?"这位心不在焉的发明家惊叫起来。

无须多加说明,这里爱迪生对鱼子酱的注意力几乎等于零,

这是因为他将注意力专注在自己的问题上去了。虽然这儿是宴会，但事实上人们的谈论已造成一个学术的环境，而不是外表上的宴会的环境。注意力就这样被转移了。

所以，我们一旦选好了环境坐下来，就不应该心不在焉。看无关的书报杂志，思考无关的事情，都会分散你的注意力。

其次，排除可能导致分心的干扰因素。

周遭的干扰可能会让你在学习中心神不宁，无法集中注意力。一般从开始学习到进入专注状态需要 15 分钟时间，如果每 5 分钟就要被打断一次，你又如何能够聚精会神？干扰，会使你记忆的效率和效果急剧下降。所以，专门划出时间来学习，找一个安静的环境学习，拔掉你的网线或者关掉即时通讯软件，告诉别人你正在学习请勿打搅。

有人喜欢把桌子放在窗户前来用功，这也许有利于采光；但是，光线容易刺目造成注意力不容易持久，加上窗外的景物，对集中注意力并没多大好处。还有一些看来似乎是微不足道的因素，我们也不可忽视。最好能避开客厅，预防路途要吃要喝等等。对于一个注意力高度集中的人，可以到达忘却饥饿的程度，因此你记住：一定要排除各种可能中断工作和学习的因素，只有这样，良好的注意力才容易培养出来。

再次，要明确学习的目标。

在学习开始前要清楚目标和要求，有无明确的识记目的和任务，直接影响记忆的效果。明确的识记目的和任务有利于调动一个人的识记积极性和针对性。由于有了明确的识记目的和任务，那么，全部的识记活动就会集中在所识记的对象上，且会采取各种各样的方式去识记，所以在其他条件相同的情况下，有意识记忆比无意识记忆的效果要好得多。

有人曾做过一个对比实验。结果：有目的的识记，即时回忆14个词语，两天后回忆9个；无目的的识记，即时回忆10个，两天后回忆6个。在另一项实验中，要求两组被试者听同样的故事，甲组有复述的任务，乙组则没有，结果甲组记忆效果要优于乙组。

由此可见，我们在记忆时漫不经心地阅读十遍，不如有意识地去记两三遍。明确识记目的和任务，有利于提高记忆效率。

很容易分心的人，在学习中走神时暗示自己"注意目标"，能够维持注意力的集中。

例如，某节化学课要学习"氧气"，学生首先要在预习中或从老师的提示中记住这一节课的要求，要懂得氧气的物理特性和化学特性，记住这实验室制取氧气的方法及体现氧的化学特性的几个反应方程式，懂得氧气在各方面的用途。明确了"目标"，暗示集中注意力就变得容易了。到这一节课上完时，根据"目标"回忆各项基本要求能否记住。到你记住了这些知识后，一种胜利的愉悦向你袭来，你对这科的学习渐感兴趣，那时，就更容易集中注意力了。

总之，注意力不集中，既有主观原因，也有客观原因。情

绪不佳时，可暂停休息，用理智控制自我，尽快使注意从不愉快的事情上转移，逐步使自己趋于平静；当外界干扰造成分心时，可换安静合适的环境或用坚强的意志与外界干扰作斗争，用积极的语言进行自我暗示。同时，增强学习兴趣，注意劳逸结合，尽量减少学习干扰，正确安排学习难易度等对提高自己的注意力也有帮助。

### 附：关于集中注意力的 4 个训练：

#### 训练 1

在桌上摆三四件小物品，如瓶子、纸盒、钢笔、书等，对每件物品进行追踪思考各两分钟，即在两分钟内思考某件物品的一系列有关内容。例如思考瓶子时，想到各种各样的瓶子，想到各种瓶子的用途，想到瓶子时，想到各种各样的制造，造玻璃的矿石来源等。这时，控制自己不想别的物品。两分钟后，立即把注意力转移到第二件物品上。开始时，较难做到两分钟后的迅速转移，但如果每天练习 10 分钟，两周后情况就大有好转了。

#### 训练 2

盯住一张画，然后闭上眼睛，回忆画面内容，尽量做到完整。例如画中的人物、衣着、桌椅及各种摆设。回忆后睁开眼睛再看一下原画，如不完整，再重新回忆一遍。这个训练既可培养注意力集中，也可提高注意更广范围的能力。

在地图上寻找一个不太熟悉的城镇，也能提高观察时集中注意力的能力。

**训练3**

准备一张白纸，用7分钟时间，写完1～300这一系列数字。测验前先练习一下，感到书写流利，很有把握后就开始。注意掌握时间，越接近尾度会越慢，稍放慢就会写不完。一般写199时每个数不到一秒钟，后面的三位数字书写每个要超过一秒钟，另外换行书写也需花时间。要求在420秒钟内准确写完300个数字。

**训练4**

准备一块表。用眼睛盯住秒针，并随秒针移动，一直看秒针走完三圈，也就是三四分钟。这期间不要被其他事情打断，也不要因为想其他的事情而破坏注意力。

## 第三节　运动与记忆

美国密歇根大学的研究人员最近发现，到户外呼吸新鲜空气或在公园和郊外散步都有助于提高记忆力和改善注意力。发表在《心理学》杂志上的这项研究结果显示，在郊外散步的人短期记忆力提高了20%。

研究者认为，城市的喧嚣和娱乐对人有刺激作用，但似乎会损耗人的记忆力和注意力。大自然则能让人平静和放松，并有助于注意力的集中。该研究负责人、密歇根大学心理学系教授马克·伯曼说："和自然界互动能产生类似闭目养神的效果。"他说，这项研究证明了户外活动能改进人的认知过程。

研究人员指出，运动能增加血流量，向大脑源源不断地供应氧气和葡萄糖，保证脑细胞良好的工作状态。脑力工作者经常过度用脑，这就像一根皮筋长期处于紧绷的状态。一般人因此需要更多的氧气和葡萄糖提高用脑效率，对他们而言，运动就显得更为重要了。

在运动时，每一个动作都由大脑来指挥，调动全身各个部件协调参与完成。经常进行运动，能够提高大脑皮层活动的强度、均衡性和灵活性，进而提高大脑皮层的分析和综合能力。

资料表明，人脑仅占人体重的 2%。但要消耗人体 20% 的氧气。大脑每秒会发生约 10 万种不同的化学反应，脑组织的能量主要是来源于葡萄糖的有氧氧化，如果大脑供血供氧不足，大脑就会处于"氧饥饿"状态，接受能力、理解能力、记忆能力下降，思维过程中就会出现干扰信息或思维空白性间断，注意力不能集中，甚至头晕、眼胀。研究表明：一般的智力活动时脑血流需求增加 8%，逻辑推理活动时增加 10%，数字计算、记忆搜索和抽象思维时脑血流需求增加 12%。因此，满足脑组织在智力活动时的血流需求量是很重要的。只有大脑的血流供应充沛，智力思维才能思如泉涌。而最有效的方法无疑是有氧健身运动和有氧健脑运动。

俄罗斯著名作家列夫·托尔斯泰非常重视体育活动。他曾经说过："埋头从事脑力劳动，四肢不活动活动，这是一件极其痛苦的事情。如果不活动，我在晚上看书写作时，就会感到头晕目眩。"

日本教育学者为了进一步开发国民的右脑，特别提出要增加体育学时，通过游戏和体育去进一步开发右脑，甚至把体育和游戏提到仅次于社会劳动生产力的"第二劳动力"的高度。

体育运动为什么能增强记忆力呢？

因为体育运动对神经系统，特别是对大脑功能的增强起很大的作用。人的每个动作都是由大脑指挥的，经常运动能提高大脑皮层的强度、均衡性和灵活性，增强皮层的分析和综合能力。这正是一个人良好记忆力的基础。心理学家认为，记忆力不佳与脑疲劳有关。人们在工作和学习时，大脑皮层相应部分的细胞群处于工作状态（兴奋状态）。这就是大脑皮层"镶嵌式"活动的特点。开始时大脑细胞能量恢复过程超过消耗过程，继续下去消耗过程逐渐大于恢复过程，疲劳随即产生。记忆力下降正是脑疲劳产生的重要标志。此时，仍继续学习、工作，记忆力就会下降。如果参加一些体育锻炼（如体操、打拳、打球等），使大脑皮层兴奋与抑制区转换，疲劳会很快消除，记忆力便大大改善。

生理学表明，脑疲劳与缺氧有关，而体育运动少、肌肉衰弱是缺氧的重要原因。大脑需氧量占人体总需氧量的 20% ~ 25%，所以缺氧对脑影响很大。体育运动可促进血液循环，加速气体交换，心脏输出更多的含氧血液，全身微血管开放，从而使大脑得到充足的氧和养料，迅速解除疲劳。国外科学家做动物实验证明："运动训练"能促进大脑中能量供应的再合成过程，使三磷酸腺苷合成骤增，改善大脑的营养状态。

国外的一项实验证明，少儿在上午第二节课后，进行20分钟的活动、游戏，第三、四节课智力活动能力可提高2~4倍。对中老年人的对比研究也证明，长期的坐卧，肌肉处于松弛状态，不仅破坏了人的正常生理机能，而且也极大地干扰了智力活动，受试者因此厌倦外界刺激，不想看书，记忆力下降，甚至出现类似精神失常的表现，大脑的工作能力严重下降。

据统计，16世纪以来欧美400名杰出人物平均寿命为66岁，其中寿命最长的是发明家，平均97岁；其次是数学家，平均76岁。他们的经历表明，凡是晚年仍能从事强度脑力劳动、参与国事活动、保持创作热情和艺术青春、不断创造科研成果的人，无一不是坚持适度的运动的。许多取得杰出成就的人，都很注重身体健康，经常进行运动。健康的体质和充沛的精力，使得他们大脑清晰，思维敏捷，记忆力增强，这是他们日后能够取得辉煌成就的生理基础。

德国哲学家康德终年80岁，这在19世纪初叶算是长寿者中的佼佼者，他之所以长寿，成为古典哲学和美学的里程碑，靠的是良好的生活习惯和合理的运动。他平时酷爱散步，喜欢冷水浴。居里夫人年近六旬时，人们还能经常见到她那矫健的泳姿。

运动，不仅可以使你拥有充沛的精力、健康的身体，还可以使你保持良好的记忆力，给你的生活带来无穷的活力。

## 第四节　感受音乐的神奇

我们人的大脑有四种波长，当神经细胞活动的时候，就会产生像电波一样的波动，因为人们的意识和状态不同，波动的频率也不同，根据不同的频率，脑波可以分为α波、β波、θ波等。频率在8~12赫兹间的α波，出现在人们情绪稳定、愉快、舒适的休息或冥想的时候，α波具有强化吸收，整理和记忆信息的机能，所以在课堂上，如果孩子大脑调整到α波状态，他的注意力就会非常地集中，记忆力也处在最佳状态，对老师所讲的每一个问题他都能理解，并且记住，思维也会非常敏捷，反应非常地迅速，并且经常有灵感出现。而β波的频率是在13~30之间，人的大脑在感到厌烦或恐惧时，就会处于紧张状态，有很多平时学习好的孩子一到关键性考试时就发挥失常，这大多因为大脑过于兴奋或紧张导致的。人们感到焦躁或不安的时候，大脑就处于β波状态。这时人的行动虽然敏捷，但由于脑力的下降，注意力很难集中，记忆力也明显下降，而且不容易产生有创意的想法。

那么，怎样才能让大脑进入α波状态呢？

保加利亚哲学博士、精神病学专家乔治·罗扎诺夫经过长期地研究发现，17 世纪或 18 世纪的作曲家们创作的某些音乐，对大脑和记忆有很强的影响。这些音乐都是根据古代音乐流传下来的特殊格式来创作的。正是巴洛克协奏曲中每分钟 55～65 拍的行板音乐，使学习效果倍增。巴洛克作曲家通常用弦乐器、小提琴、曼陀林、吉他、拨弦古钢琴来创作这种缓慢、舒适而宁静的音乐，其声音自然、高频、和谐。

巴洛克音乐的旋律富有表现力，追求的是宏大的规模，雄伟、庄重、辉煌的效果，主要表现形式为"通奏低音"。巴洛克音乐每分钟约 60 拍，与我们人类的脉搏与呼吸频率大致相同，使我们的脉搏和呼吸在这一节拍上趋于中和与稳定。巴洛克音乐的低振幅、低频率又可以诱发与增强我们大脑中的 α 波，促进脑内吗啡的分泌，使大脑进入最活跃的状态，让人进入一种超级脑能境界，能让学习、记忆和创造性思维获得充分的施展，从而大大提高大脑的效率。

罗扎诺夫用这种音乐进行外语教学，创造了一个震惊世界的教育奇迹：学生一天学会了 1200 个外语单词，平均记住率是 96.1%。也就是说学生一天记住了 1153 个外语单词。世界教科文组织向国际推荐的《学习的革命》记载：巴洛克音乐能让学生用 5% 的时间完成 60% 的学习内容，美国的老师用巴洛克音乐进行教学，发现学生的学习效率至少提高 5 倍之多。李岚清在他的《音乐笔谈》一书的开始也向读者介绍了巴洛克音乐在欧洲音乐发展史上的重要作用，并特别强调了音乐"使思维更有创意，工

第七章

记忆，不仅仅是记忆

作更有效率"、"有助于提高人们的文化修养和精神文明的境界"、"激发灵感，增强创造性思维能力"。

美国的快速学习专家希拉·奥斯特兰德在《超级学习法》一书中介绍，在艾奥瓦州立大学的测试发现，只用缓慢的巴洛克音乐，无需任何方法，就能使学习速度提高 24%，使记忆力增长 26%。

当听着宁静而舒缓的音乐，你的血压下降，你的心脏也开始健康有节奏地跳着；血压中的紧张因子没有了，因此，你的免疫系统得到了加强，同时你的脑电波下降 6%，而放松的脑波却上升了 6%，左右半脑达到同步效应。大脑和身体随着缓慢的韵律渐渐地进入了和谐状态——身体放松、大脑警觉，这正是取得优异成绩的最佳状态。

在巴洛克音乐的背景下学习，学生每天最多可以轻松地记住大约 3000 个单词，在 3 个月之后还能够记住大约 80%。罗扎诺夫根据学习的不同需要，将乐曲分为主动音乐（主要用于学习）和被动音乐（主要用于记忆）。该音乐播放以约 40 分贝为宜。

这种"超级学习法"在西方各国已得到广泛应用。它可以帮助学生轻松而有效地学习知识，也可应用于法律、军事、工程、医药等职业练习之中。

现在，在工作、学习场所播放优美、舒缓的"背景音乐"，以有效地提高工作或学习效率，这一点已为人们所公认。

在阅读时，把注意力集中在书本上，轻柔的乐曲就会不知不觉地刺激右脑，产生情感体验，发展形象思维，促进左脑抽象思维能力，使两半脑得到均衡的活动。由于音乐强化了人的神经系统功能，使视觉记忆、听觉记忆都得到锻炼，从而可以增强记忆的敏捷性、持续性和准确性。

欧美、日本等国还盛行"脑部思维保健"法。在健脑中心专设健脑设备，如美国研制的脑部治疗仪"阿尔法兴奋器"，同时播放美妙的音乐，其轻快的节奏与人的脉搏、心跳极为和谐，使人消除疲劳，集中注意力，心情愉快，提高大脑功能，加速学习。艺术家接受健脑后，可产生创作灵感。

音乐能毫不费劲地唤醒语言能力和以前的记忆，让你更加聪明，更加快速地学习；能增强记忆，解除压力，帮助你集中精力和学习形象化想象，开启内心的意识，同时还有助于听力的提高。

## 第五节　适度休息很重要

适度的休息对提高记忆力起着很关键的作用。

根据巴甫洛夫高级神经活动学说的解释，人们的听、说、读、写各种学习活动，都由大脑皮层相应的区域主管，进行这些活动时，在大脑皮层相应的区域就有相应的兴奋点。如果兴奋点长时间在"某一区域"，就会使该"区域"产生疲劳、注意力分散、反应能力降低、思维迟钝、记忆减退。及时休息就会使大脑

179

皮层原来兴奋着劳碌工作的相应部位得以平静，消除疲劳。心理学家做过这样的实验：在记忆新的事物时，每记忆 30 分钟后中间休息 5 分钟，其效果远远超过长时间的连续记忆。这也就是我们每听 45 分钟的课后就休息 10 分钟的缘故。

大脑疲劳时，不论你怎样努力，脑细胞的活动能力也要降低，记忆力随之下降。在这种状态勉强工作，久而久之会降低大脑的兴奋程度。因此，每当大脑疲惫时，就因该休息片刻，让大脑得到充分休息，使记忆时经常处于最佳工作状态。

美国专家经过研究发现，学习之后睡觉的学生比学习后整夜不眠的人记忆力强。要以正确的方法学习需要适当休息，而睡好觉是增强记忆力的起点。专家们将 24 名志愿者分为两组，让他们在 60 秒钟内记住显示在电脑屏幕上隐藏在竖线条中的 3 条斜线。然后让其中一组头天晚上睡觉，另一组不让睡觉。第二天和第三天晚上两组人都睡觉。第四天进行测验，让志愿者回忆在电脑屏幕上看过的斜线。第一天晚上睡觉的一组人记忆力明显高于当晚没有睡觉的人。

研究人员利用老鼠作为研究对象进行试验，他们把老鼠分成两组，在适应一定的环境和声音后，让一组老鼠马上睡觉，而另一组过 5 个小时才睡。研究者发现，后一组老鼠醒来时忘了它们所在的环境，非常恐惧。但是马上睡觉的老鼠就能保持记忆。

研究人员发现，不同的记忆储存在脑中不同的区域里，而睡眠不足对较为复杂的记忆区域影响很大。在人们没有进行很好的休息的时候，这个区域就会受损，导致部分记忆丧失。

适度睡眠为记忆和创造提供了物质条件，尤其是快速进入睡眠阶段，对促进记忆巩固起着积极的作用。如果缺少睡眠，或服用能减少快速进入睡眠的抗抑郁症的药物，就会出现疲劳、头昏脑涨、眼花心慌、食欲不振等感觉，导致警觉性差、情绪不佳、影响记忆力。睡眠可以解除大脑疲劳，同时制造大脑需要的含氧化合物，为觉醒后的思维和记忆做好充分的准备。我们的许多灵感都是在酣睡后的早晨出现的。

大量的研究实验认为，失眠和睡眠不足，对大脑的负面影响很大。

如果连续两周睡眠达不到 6 小时以上，对脑力的影响同连续两三天不睡觉差不多。长期失眠或睡眠不足，会使记忆力下降、精神恍惚、情绪不稳定。动物实验证明，老鼠 4 个星期不睡觉就会死亡。

但是，睡眠也要遵循适度原则，过度睡眠不仅不会增强记忆力，反而会影响记忆力。每个人所需睡眠时间不一，一般而言，中小学生应该睡眠 8～10 小时，成人 7～9 小时，老年人更少。

睡眠过度，主要有两个原因，一是大脑或血液疾病，二是精神懒惰。长期嗜睡，会导致生理机能逐渐下降，萎靡不振，思维迟缓，记忆力下降。因此，本该睡觉的时间就不要用来做别的事情，否则会事倍功半。倘若工作较忙，也要抽空打个盹。

给自己以全面的放松和休息，是保证我们的身体长期高效运转的明智之举。

睡得好，才能记得好！

## 第六节　好记性是吃出来的

科学家发现，很多食品和饮料能提高记忆力。2000 年，以色列的科学家证实，喝咖啡有助增强记忆。与咖啡有着异曲同工作用的是日本米酒，因为科学家发现米酒中含有一种增强记忆的酶。虽然饮食与记忆关系的研究刚刚起步，但是，科学家发现合理饮食是关键。

良好的记忆力可提高人们的工作和学习效率，达到事半功倍的效果，所以每个人都希望自己拥有很强的记忆力，"过目不忘"成为许多人追求的梦想。然而现代人紧张的生活、繁忙的工作及失衡的饮食，再加上年龄的增长，这些都会极大地影响记忆能力，导致记忆力下降。

大脑是记忆的场所，大脑细胞活动需要大量的能量。虽然大脑的重量只占人体总重量的2% ~ 3%，但大脑消耗的能量却占食物所产生的总能量的20%。因此，供给充足的营养，是保证大脑的正常活动，增强记忆力所必需的。为探索饮食、营养、健康与记忆力之间的关系，科学家们做了大量的研究，发现均衡的饮食以及益脑食物的适量补充有助于增强记忆力。

营养保健专家研究发现，一些有助于补脑健智的食品，并非

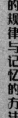

昂贵难觅，而恰恰是廉价又普通之物，日常生活随处可见。

1. 桑葚。桑葚具有补血强壮、松弛神经和安定神经的作用。《滇南本草》云："桑葚益肾脏而固精。"临床实践证明，对神经衰弱引起的健忘失眠者均宜。

2. 桂圆肉。桂圆肉有益心脾、补气血、健脑作用。《开宝本草》中说它能"归脾而益智"。《本草纲目》认为桂圆肉"开胃益脾，补虚长智"。从现代医学研究发现，桂圆肉含有丰富的葡萄糖、蔗糖、维生素 A、维生素 B 类物质，这些物质能营养神经和脑组织，从而调整大脑皮层功能，改善甚至消除健忘并增强记忆力。所以，桂圆肉尤其适宜心脾两虚、气血不足的健忘者经常食用。可用桂圆肉、白糖各 500 克，拌匀，隔水炖至膏状，即为桂圆膏，早、晚各吃 10 ~ 15 克。也可用桂圆肉 15 克，同红枣 3 枚，粳米 100 克煮成稀粥食用。

3. 柏子仁。明朝李时珍称柏子仁味甘而补，其气清香。"益脾胃，养心气，益智宁神"。用于劳欲过度、心血亏损、健忘恍惚的古代名方"柏子养心丸"，就是以柏子仁为主药。所以，凡健忘之人均宜食用。

4. 莲子。莲子为滋补性食品。《神农本草经》将它列为上品，认为它能"补中、养神、益气力、除百疾，久服轻身耐老。"宋《图经百草》还记载："莲子捣碎和米做粥饭食，轻身益气，令人强健。"适宜健忘之人经常服用。可用莲子煮粥，也宜用莲子、红枣、白糖煨烂后服食。

5. 灵芝。中医认为灵芝能养心安神、益气补血、滋补强壮、健脑益智，适宜心脾两虚、神经衰弱、健忘之人食用。一般可用灵芝 3～6 克，水煎服，每日服 2 次。也可将灵芝研为粉，每日 2～3次，每次开水冲服 1～1.5 克。

6. 何首乌。何首乌能补肾、养血，并有强壮神经的作用。卵磷脂在动物中枢神经系统中，有着重要的作用，而何首乌中卵磷脂含量较多，这对大脑神经衰弱，颇为有益。对健忘之人，宜经常用何首乌粉 30 克开水调服。

7. 大枣。大枣能补气血、健脾胃，适宜心脾两虚、气血不足的健忘者食用。现代医学认为，大枣含有多种多量的维生素，特别是维生素 P 的含量更是百果之冠，故大枣被人称为"天然的维生素丸"。不仅如此，大枣还含有较多量的并为造血不可缺少的矿物质铁和磷。对于体质虚弱的健忘之人，均可常用红枣煎汤喝，或蒸熟后食用。

8. 蜂蜜。蜂蜜是一种滋补强壮的营养剂，含有维生素 $B_1$、维生素 $B_2$、维生素 $B_6$、维生素 D、维生素 E 以及铁、钙、铜、锰、磷、钾等多种微量元素，可与柏子仁一同炖服，有增强记忆力、改善健忘的效果。蜂王浆对神经衰弱健忘之人也颇适宜。

9. 枸杞子，枸杞子能补肾健脑。民间多用于健忘症，用枸杞子 30 克，羊脑 1 副，加清水适量，隔水炖熟，调味服食；或用枸杞子 10 克，山药 30 克，猪脑 1 副，加水炖食；或用枸杞子 20 克，红枣 6 个，鸡蛋 2 只同煮，鸡蛋熟后去壳再煮 15 分钟，吃蛋饮汤，每天或隔天 1 次，适宜神经衰弱健忘者食用。

10. 冬虫夏草，冬虫夏草能补虚损、益精气，适宜肾虚健忘之人食用。民间对于肺肾阴虚之人的记忆力减退，头脑昏沉者，有用冬虫夏草 4 ~ 5 枚，鸡 500 克左右共炖。不能吃鸡者也可用瘦肉共炖，功效颇佳。

除了上面提到的之外，还有其他一些增强记忆的食物：

1. 牛奶。富含蛋白质、钙及大脑必需的维生素 $B_1$、氨基酸。牛奶中的钙最易吸收。用脑过度或失眠时，一杯热牛奶有助入睡。

2. 鸡蛋。被营养学家称为完全蛋白质模式，人体吸收率为 99.7%。正常人每天一个鸡蛋即可满足需要。记忆力衰退的人每天吃 5 ~ 6 个，可有效改善记忆（不适宜胆固醇高的人）。孩子从小适当吃鸡蛋，有益发展记忆力；特别是蛋黄，蛋黄中含有蛋黄素、蛋钙等脑细胞所必需的营养物质，可增强大脑活力。

3. 鱼类。可以向大脑提供优质蛋白质和钙。淡水鱼所含的脂肪酸多为不饱和脂肪酸，能保护脑血管，对大脑细胞活动有促进作用。

4. 贝类。碳水化合物及脂肪含量非常低，几乎是纯蛋白质，可以快速供给大脑大量的酪氨酸。因此可以大大激发大脑能量、提高情绪以及提高大脑功能。以贝类作开胃菜，能最快地提高脑力。但是贝类比鱼类更容易积聚海洋里的毒素和污染物质。

5. 味精。主要成分是谷氨酸钠，是参加脑代谢的唯一氨基酸，会增加脑内乙酰胆碱，能促进智力发育，维持和改进大脑机能，改善记忆力。

6. 花生。花生等坚果富含卵磷脂，常食能改善血液循环、抑制血小板凝集、防止脑血栓形成，可延缓脑功能衰退、增强记忆、延缓衰老，是名符其实的"长生果"。

7. 小米。所含维生素 $B_1$ 和维生素 $B_2$ 高于大米 1～15 倍。临床观察发现，吃小米有益于脑的保健，可防止衰老。

8. 玉米。玉米胚中富含多种不饱和脂肪酸，有保护脑血管和降血脂作用。谷氨酸含量较高，能促进脑细胞代谢，具有健脑作用。

9. 黄花菜。黄花菜可以安神解郁，但不宜生吃或单炒，以免中毒，以干品和煮熟吃为好。

10. 辣椒。维生素 C 含量居蔬菜之首，胡萝卜素和维生素含量也很丰富。辣椒所含的辣椒碱能刺激味觉、增加食欲、促进大脑血液循环。"辣"味还是刺激人体内追求事业成功的激素，使人精力充沛，思维活跃。生吃效果更好。

11. 菠菜。含丰富的维生素 A、维生素 C、维生素 $B_1$ 和维生素 $B_2$，是脑细胞代谢的最佳供给者之一。它还含有大量叶绿素，也具有健脑益智作用。

12. 橘类。橘子、柠檬、广柑、柚子等含有大量维生素 A、维生素 $B_1$ 和维生素 C，属典型的碱性食物，可以消除大量酸性食物对神经系统造成的危害。考试期间适量吃些橘子，能使人精力

充沛。

13. 菠萝。含丰富维生素 C 和微量元素锰，而且热量少，常吃有生津提神、提高记忆力的作用。

14. 胡萝卜。可以刺激大脑物质交换，减轻背痛的压力。

15. 油梨。含大量的油酸，是短期记忆的能量来源。正常人每天吃半个油梨即可。

16. 藻。含有丰富的叶绿素、维生素、矿物质、蛋白质，可以改善记忆力和注意力。

17. 卷心菜：富含维生素 B，能预防大脑疲劳。

18. 大豆：含有蛋黄素和丰富的蛋白质，每天食用适量的大豆或豆制品，可增强记忆力。

19. 木耳：含有蛋白质、脂肪、多糖类、矿物质、维生素等多种营养成分，为补脑佳品。

20. 杏子：含有丰富的维生素 A、维生素 C，可有效地改善血液循环，保证脑供血充足，有利于增强大脑记忆。

第七节　给记忆插上想象的翅膀

在记忆中，经常会碰到这样的情况：由于某样要记的东西没有任何实际的内容，既谈不上理解也没有什么兴趣，那只有靠死记硬背了，如电话号码、某个难读的地名译音。而死记硬背的效果是有限的。这时，你不妨采用一下联想。

柏拉图这样说过:"记忆好的秘诀就是根据我们想记住的各种资料来进行各种各样的想象。"

想象无须合乎情理与逻辑,哪怕是牵强附会,对你的记忆只要有用途都可以进行。比如你要记住你所遇到的某人的名字,那么,也可用此法。

我们的想象力是根据空间或时间上的相近事物,容易在人们的经验中形成联想来进行的。也有时利用同音、近音、同义、近义等语言的特点来进行的。让我们来做一个小实验:

下面有一组单词,你用心看两分钟,目的是尽量记忆。

| 上衣 | 木夹 | 车灯 | 点心 |
|------|------|------|------|
| 办公桌 | 花边 | 米饭 | 钓钩 |
| 帽子 | 信封 | 房屋 | 纽扣 |
| 猫 | 电话机 | 钱 | 铅笔 |
| 袜子 | 书 | 仙人掌 | 鳗鱼 |

如果让你顺次序把它们默诵出来,你会发现,许多都忘记了。为什么呢?方法不对。如果运用想象力,问题会简单得多。你不妨设想这么一个荒诞的故事:

有一顶帽子,它底下放一部电话机;电话机上尽是刺,因为这是仙人掌;拿这个仙人掌听筒的人确实不方便,何况他的嘴里还塞满了点心。点心里有一个小信封,拆开里面还有钱。钱上印一条鳗鱼,忽然这条鳗鱼变活了,钻到办公桌下。原来这办公桌是所房屋,其烟囱是支巨大的铅笔,它像火箭向上升起,落到上衣上。上衣有花边，中间有纽扣。但上衣口袋是穿的，铅笔漏到地上的袜子里，袜子夹着木夹。忽然铅笔又飞走了，飞到猫吃的米饭碗里。猫正蹲在一本书上。它一受惊就逃出门外，被一盏车灯照射。它向前一扑，恰巧被车前的钓钩钩着了。

这样的想象当然是非常古怪、荒唐的，因为这些画面太多不出现在现实中，就是童话中也很少有。但因为这想象仅是为了把一些事物从外表上把它们凑合在一起，不需要任何思想内容，也不要起码的逻辑，完全为了帮助记忆。

如果记忆的对象比较抽象，你不妨多花些功夫，先把它们转化为具体的形象。例如要记比利时的工业种类，其中有冶金业、锌和铅的工业、陶器工业、玻璃制造业……

你先把冶金业想象成一座火炉，锌自然是一个电池了，铅则可想象成一个运动员用的铅球，然后是陶坛（陶器工业）、杯子（玻璃制造业）等。

接着你便可以开始驰骋你的想象了：高炉产生了一个个电池，装在手电筒中照着一个人推铅球，铅球一掷，击碎了前面两个陶坛及杯子。

不要怕建立大胆的、甚至是愚蠢的联想，更不要怕有人因感到惊讶而出现一些讽刺，重要的是这些形象在脑中要清清楚楚，尽力把动的图像与不同的事物联结起来。如果能经常这样运用，你就会大大加强记忆的。

另外，比联想更进一步的，是发展想象力。想象力不但可以

使我们记忆的知识充分调动起来，进行融会、综合，产生新思维活动，而且可以反过来使原来的知识记忆得更牢固。

总的来说，想象力是改造旧形象、创造新形象的能力。

你想测定一下自己的想象力吗？下面介绍一种小游戏：把一滴墨水滴在白纸上，然后用力将压成许多不规则的墨迹，据其形状试试你能想象出多少名称。

在柯南·道尔的《福尔摩斯探案全集》中，福尔摩斯凭着惊人的记忆力，加上运用丰富的想象力破了许多案子。书中的福尔摩斯说过这么一段话："一个逻辑学家不需要亲眼见到或者听说过大西洋或尼亚加拉瀑布，他能从一滴水上推测出它有可能存在。所以整个生活就是一条巨大的链条，只要见到其中的一环，整个链条的情况就可以推想出来了——比如遇到一个人，一瞥之间就要辨识出这个人的历史和职业。这样的锻炼看起来好像幼稚无知，但是，它却能使一个人的观察能力变得敏锐起来，并且教导人们：应从哪里观察，应该观察些什么。一个人的手指甲、衣袖、靴子和裤子的膝盖部分，大拇指与食指之间的茧子、表情、衬衣袖口等等，不论从以上所说的哪个点，都能明白地显露出他的职业来。如果把这些情形联系起来，还不能使案件的调查人恍然大悟，那几乎是难以想象的了。"

这段话说到观察力，但更重要的是想象力。正是由于福尔摩斯有这种想象力，所以推理特别严谨。他在与华生医师第一次见面时，就断定对方从阿富汗来。对方表示十分惊讶，福尔摩斯这样解释："在你这件事上，我的推理过程是这样的：这一位先生，具有医务工作者的风度，但却是一副军人气概。那么，显见你是个军医。你是刚从热带回来，因为你脸色黝黑，但是，从他手腕的皮肤黑白分明看来，这并不是他原来的肤色。你面容憔悴，这清楚地说明你是久病初愈而又历尽了艰辛。你左臂受过伤，现在动作起来还有些僵硬。试问，一个英国军医在热带地方历尽艰辛，并且臂部负过伤，这能在什么地方呢？自然只有在阿富汗了。这一连串的思考，历时不到一秒钟，因此我便脱口说出你是从阿富汗来的。"小说未免有夸张之处，但这种快速的推理包含在快速的想象中，而这二者均建立在对事物规律的牢牢记忆的基础上。

马克·吐温曾经为记不住讲演稿而苦恼，但后来他采用一种形象的记忆之后，竟然不再需要带讲稿了。他在《汉堡》杂志中这样说：

"最难记忆的是数字，因为它既单调又没有显著的外形。如果你能在脑中把一幅图画和数字联系起来，记忆就容易多了。如果这幅图画是你自己想象出来的，那你就更不会忘掉了。我曾经有过这种体验：在 30 年前，每晚我都要演讲一次。所以我每晚都要写一个简单的演说稿，把每段的意思用一个句子写出来，平均每篇约 11 句。有一天晚上，忽然把次序忘了，使我窘得满头大汗。由这一次经验，于是我想了晚上我再去演说，便常常留心指甲，并为了使不致忘掉刚才看的是哪个指甲起见，看完一个便

把号码揩去一个。但是这样一来，听众都奇怪我为什么一直望自己的指甲。结果，这次的演讲不用说又是失败了。

忽然，我想到为什么不用图画来代表次序呢？这使我立刻解决了一切困难。两分钟内我用笔画出了 6 幅图画，用来代表 11 个话题。然后我把图画抛开。但是那些图画已经给我一个很深的印象，只要我闭上眼睛，图画就很明显地出现在眼前。这还是远在 25 年前的事，可是至今我的演说稿，还是得借助图画的力量记忆起来。"

这样，我们就不难了解某些对地名有超人记忆力的人，他们的方法是时时看地图，所以一闭上眼睛，就能联想起那幅图画。于是，地理位置就清楚地凸现出来了。

想象力是人类所独有的一种高级心理功能。有了想象力，就使我们的认识不受时间和空间的限制，使人扩大了认识范围。要知道，新形象并不是各种旧形象的简单相加，而是经过深思熟虑后，对旧形象经过加工创造而来的。所以，进行联想应有丰富的知识基础，要尽量使我们的知识面扩大。如牛顿为什么能把万有引力与下落的苹果联想在一起呢？这就是因为他有深奥的学问。他说过："我不知世人对于我是怎样看法，不过我自己只是觉得好像在海滨玩耍的一个小孩子，有时很高兴地拾着一颗光滑美丽的石子，但真理如大海，远在我面前，未被发现。"这种谦逊的态度和求知的欲望是十分感人的。

世界上的客观事物之间有着千丝万缕的联系。有的表现为从

记忆的规律与记忆的方法

属关系，有的表现为因果关系。把反映事物间的那种联系，把在空间或时间上接近的事物，及在性质上相似的事物和人们已有的知识经验联系起来，是增强记忆的好方法。从记忆的生理机能看，联想能有效地建立脑细胞之间的触突联系，有助于记忆网络的形成，这样不但可以长期保持，也容易再现。

## 附：关于提高想象力的 4 个训练

### 训练 1

拿一张纸，写上一个自己感兴趣、比较了解、积累了较多知识的题目。例如：物理、日本、纽约、华盛顿、英国等。然后，在想象时尽量把知道的、有关这个题目的知识都写在纸上。例如，写日本：可以写日本的历史、现状、战争、地形、气候、经济、政治、风俗习惯等。写英国：可以写英国的兴起和灭亡的原因、文化成就、著名人物、农民起义等等。

### 训练 2

做自由想象力训练。要求是从一个词中联想出 10 种事物，然后把这 10 个事物连贯起来。例如：由"儿童"一词可想出：风筝、法国电影、山口百惠、鞋、商店、集邮、革命、老房东、核桃 10 个事物。连贯起来的 10 个事物是：儿童都喜欢玩风筝；由风筝，想象到电影《风筝》，由电影，想到日本电影演员山口百惠的演技真好，她的鞋总是很漂亮；由鞋想到自己的鞋带断了，需要到商店买了一双新的；由商品，想到在商店工作的杰克

喜欢集邮；由集邮，想到杰克现在存有许多"革命"期间的邮票；由"革命"，想到自己在"革命"期间下乡时的老房东来了；还带来了许多土产，其中有自己喜欢吃的核桃等……

请继续用物理、足球、火箭、马4个词进行自由想象。

**训练3**

请用两分钟时间，将下面10组词用想象力的方法联在一起进行记忆。

皮鞋—下雨　　　　　　轮般—月亮

火车—梯子　　　　　　牡丹—黄河

稿纸—白菜　　　　　　鸡毛—烟筒

闹钟—软床　　　　　　麻雀—玻璃

马车—鸡蛋　　　　　　轮胎—香肠

**训练4**

请把每组10个实物联想在一起：

（1）杂志、鲸鱼、老虎、大衣、手表、馒头、自行车、杨树、提包、轮船

（2）留声机、蔗汁、啤酒、马车、电线、轮船、鸽子、子弹、苹果、牛仔

### 第八节　遵循生物钟，提高记忆力

合理利用生物钟，找到自己学习和记忆的"黄金时间"，对

提高记忆力有着积极的作用。

生物钟是生物体内的一种无形的"时钟"，实际上是生物体生命活动的内在节律性，它是由生物体内的时间结构序所决定的。研究证明，合理的利用生物钟，掌握最佳学习时间，能有效提高工作效率和学习效率。

一天中什么时候人的记忆力最好呢？

根据生理学家研究，人的大脑在一天中有一定的活动规律，具体情形如下：

6～8点：机体休息完毕并进入兴奋状态，肝脏已将体内的毒素全部排净，头脑清醒，大脑记忆力强，此时进入第一次最佳记忆期。

8～9点：神经兴奋性提高，记忆仍保持最佳状态，心脏开足马力工作，精力旺盛，大脑具有严谨、周密的思考能力，可以安排难度大的攻坚内容。

10～11点：身心处于积极状态，热情将持续到午饭，人体处于第一次最佳状态。此时为内向性格者创造力最旺盛时刻，任何工作都能胜任，此时虚度实在可惜。

12点：人体的全部精力都已调动起来。全身总动员，需进餐。此时对酒精仍敏感。午餐时一桌酒席后，对下半天的工作会受到重大影响。

13～14点：午饭后，精神困倦，白天第一阶段的兴奋期已过，精力消退，进入24小时周期中的第二低潮阶段，此时反应迟缓，有些疲劳，宜适当休息，最好午睡 0.5~1 小时。

15~16 点：身体重新改善，感觉器官此时尤其敏感，精神抖擞，试验表明，此时长期记忆效果非常好，可以合理安排一些需"永久记忆"的内容记忆。工作能力逐渐恢复，是外向性格者分析和创造力最旺盛的时刻，可以持续数小时。

17~18 点：工作效率更高，体力活动的体力和耐力达一天中的最高峰时期，试验表明，这段时间是完成复杂计算和比较消耗脑力作业的好时期。

19~20 点：体内能量消耗，情绪不稳定，应休息。

20~21 点：大脑又开始活跃，反应迅速，记忆力特别好，直到临睡前为一天中最佳的记忆时期（也是最高效的）。

22~24 点：睡意降临，人体准备休息，细胞修复工作开始。

生物钟在每个人的体内悄然运行，指导着我们每天从睡眠到清醒再到睡眠的反复循环。利用好生物钟，是改善记忆力的关键。